Practical
Formulary
of the Dog & Cat

犬猫临床
用药手册

朱要宏 // 主编

中国农业出版社

图书在版编目（CIP）数据

犬猫临床用药手册 / 朱要宏主编. —北京：中国农业出版社，2015.10
ISBN 978-7-109-19949-1

Ⅰ. ①犬… Ⅱ. ①朱… Ⅲ. ①犬病－用药法－手册②猫病－用药法－手册 Ⅳ. ①S858.2-62

中国版本图书馆CIP数据核字（2015）第095026号

中国农业出版社出版
（北京市朝阳区麦子店街18号楼）
（邮政编码 100125）
责任编辑　邱利伟

北京通州皇家印刷厂印刷　　新华书店北京发行所发行
2015年10月第1版　　2015年10月北京第1次印刷

开本：889mm×1194mm　1/32　　印张：11.5
字数：250千字
定价：80.00元
（凡本版图书出现印刷、装订错误，请向出版社发行部调换）

主　编　朱要宏（中国农业大学）

参　编（按姓名笔画排序）

　　　　吕艳丽（中国农业大学）

　　　　张　琳（中国农业大学）

　　　　杜　芊（中国农业大学）

主　审　高得仪

本书有关用药的声明

兽医学科是一门不断发展的学问。用药安全注意事项必须遵守，但随着最新研究及临床经验的发展，知识也不断更新，因此治疗方法及用药也必须或有必要做相应的调整。建议读者在使用每一种药物之前，要参阅厂家提供的产品说明以确认推荐的药物用量、用药方法、所需用药的时间及禁忌等。医生有责任根据经验和对患病动物的了解决定用药量及选择最佳治疗方案，出版社和作者对在治疗中所发生的对患病动物和/或财产所造成的损害不承担任何责任。

前　言

在我国经济快速发展，与国际接轨越来越紧密的大背景下，我国的宠物市场处于前所未有的快速发展期。愈来愈多新药进入宠物临床，给宠物带来健康的同时，也对宠物医生提出了更高要求。随着兽医学科不断发展，临床经验不断完善，兽医知识不断更新，新兽药不断出现，在用药方法和剂量上，也出现了相应的变化。本书内容涵盖了现今犬、猫临床的大部分用药，增加了国内外多种具有良好效果的新药和中成药。为满足广大小动物临床工作者迫切需要，本书作者结合多年小动物临床诊疗实践经验，充分借鉴国内外先进诊疗技术，遵循用药安全注意事项，并参阅药品生产厂家提供的产品说明，对药物的药理作用、适应证、不良反应、禁忌、注意事项、规格、用法与用量等做了严谨、科学、合理的撰写，以便更好地指导临床用药。

本书承蒙几十年来一直从事小动物临床工作的中国农业大学高得仪教授仔细审阅，并提出了许多宝贵意见。本书编写过程中得到中国农业大学动物医院林德贵、夏兆飞、董悦农和潘庆山等专家以及中国农业出版社领导和编辑们的鼎力支持，在此一并表示最诚挚谢意。

尽管本书在编写过程中力求完善，但由于作者水平有限，书中不足和错误之处在所难免，敬请广大读者批评指正。

朱要宏

2014年10月

目　　录

第二部分　合成抗菌药

第三部分　抗真菌药

第四部分　抗病毒药

第五部分　消毒防腐药

第六部分　抗寄生虫药

第七部分 中枢神经系统用药

第八部分　外周神经系统用药

第九部分　解热镇痛抗炎药与肾上腺激素类药

第十部分　消化系统用药

第十一部分　呼吸系统用药

第十二部分　心血管系统与血液系统用药

第十三部分　体液补充药与电解质、酸碱平衡调节药

第十四部分　泌尿系统用药

第十五部分　生殖系统用药

第十六部分　代谢调节药和内分泌系统用药

第十七部分　抗过敏药和抗休克药

第十八部分　局部用药

第十九部分　解毒药

第二十部分　免疫调节药和抗肿瘤药

第二十一部分 生物制品

第一部分

抗生素

一 β–内酰胺类

（一）青霉素类

注射用青霉素钠
Benzylpenicillin Sodium for Injection

【适应证】青霉素适用于敏感细菌所致各种感染，如脓肿、菌血症、肺炎和心内膜炎等。其中青霉素为以下感染的首选药物：① 溶血性链球菌感染，如咽炎、扁桃体炎、猩红热、丹毒、蜂窝织炎和产褥热等；② 肺炎链球菌感染如肺炎、中耳炎、脑膜炎和菌血症等；③ 不产青霉素酶葡萄球菌感染；④ 炭疽；⑤ 破伤风、气性坏疽等梭状芽孢杆菌感染；⑥ 梅毒（包括先天性梅毒）；⑦ 钩端螺旋体病；⑧ 回归热；⑨ 白喉；⑩ 青霉素与氨基糖苷类药物联合用于治疗草绿色链球菌心内膜炎。

青霉素亦可用于治疗：流行性脑脊髓膜炎，放线菌病，淋病，莱姆病，鼠咬热，李斯特菌感染，除脆弱拟杆菌以外的许多厌氧菌感染。风湿性心脏病或先天性心脏病患病动物进行口腔、牙科、胃肠道或泌尿生殖道手术和操作前，可用青霉素预防感染性心内膜炎发生。

【药理作用】青霉素属杀菌性抗菌药，其杀菌机制是抑制细菌细胞壁的合成。细菌的青霉素结合蛋白（PBPs）是本类抗菌药的作用靶位。PBPs在细菌细胞壁的合成中起着合成酶的作用，青霉素与之结合后使其失去活性。

【不良反应】

1. 过敏反应：青霉素过敏反应较常见，包括荨麻疹等各类皮疹、白细胞减少、间质性肾炎、哮喘发作等和血清病型反应；过敏性休克偶见，一旦发生，必须就地抢救，予以保持气道畅通、吸氧及使用肾上腺素、糖皮质激素等治疗措施。

2. 毒性反应：少见，但静脉滴注大剂量本品或鞘内给药时，可因脑脊液药物浓度过高导致抽搐、肌肉阵挛、昏迷及严重精神症状等（青霉素脑病）。此种反应多见于幼龄、老龄犬和肾功能不全动物。

3. 赫氏反应和治疗矛盾：用青霉素治疗梅毒、钩端螺旋体病等疾病时可由于病原体死亡致症状加剧，称为赫氏反应；治疗矛盾也见于梅毒患病动物，系治疗后梅毒病灶消失过快，而组织修补相对较慢或病灶部位纤维组织收缩，妨碍器官功能所致。

4. 二重感染：可出现耐青霉素金葡菌、革兰阴性杆菌或念珠菌等二重感染。

5. 应用大剂量青霉素钠可因摄入大量钠盐而导致心力衰竭。

【禁忌证】对任何青霉素类过敏的动物禁用。

【注意事项】应用本品前需详细询问药物过敏史并进行青霉素皮肤试验，阳性反应动物禁用。

【规格】0.24 g：40万U

【用法与用量】皮下、肌内注射，或静脉滴注，每千克体重2万~3万U，一日2~3次。

注射用青霉素钾
Benzylpenicillin Potassium for Injection

【适应证】同青霉素钠。

【规格】0.5 g：80万U

【用法与用量】皮下、肌内注射，或静脉滴注，每千克体重2万~3万U，一日2~3次。

注射用氨苄西林钠（强安林注射液）
Ampicillin Sodium for Injection

【适应证】用于敏感菌所致的呼吸道感染、胃肠道感染、尿路感染、软组织感染、心内膜炎、脑膜炎、败血症等多重感染。

【药理作用】氨苄西林钠为广谱半合成青霉素，与卡那霉素对大肠杆菌、变形杆菌具有协同杀菌作用。本品对溶血性链球菌、肺炎链球菌和不产青霉素酶葡萄球菌具较强抗菌作用，与青霉素相仿或稍逊于青霉素。氨苄西林对草绿色链球菌亦有良好抗菌作用，对肠球菌属和李斯特菌属的作用优于青霉素。本品对白喉棒状杆菌、炭疽芽孢杆菌、放线菌属、流感嗜血杆菌、百日咳鲍特杆菌、奈瑟菌属以及除脆弱拟杆菌外的厌氧菌均具抗菌活性，部分奇异变形杆菌、大肠杆菌、沙门菌属和志贺菌属细菌对本品敏感。氨苄西林通过抑制细菌细胞壁合成发挥杀菌作用。

【不良反应】本品不良反应与青霉素相仿，以过敏反应较为常见。皮疹是最常见的反应，多发生于用药后5 d，呈荨麻疹或斑丘疹。亦可发生间质性肾炎。过敏性休克偶见。大剂量氨苄西林静脉给药可发生抽搐等神经系统毒性症状。

【禁忌证】有青霉素类药物过敏史或青霉素皮肤试验阳性动物禁用。

【注意事项】

1. 应用本品前需详细询问药物过敏史并进行青霉素皮肤试验。

2. 传染性单核细胞增多症、巨细胞病毒感染、淋巴细胞白血病、淋巴瘤动物应用本品时易发生皮疹，宜避免使用。

3. 本品须新鲜配制。怀孕动物应仅在确有必要时使用本品。少量本品从乳汁中分泌，哺乳期动物用药时宜暂停哺乳。

4. 本品宜单独滴注，不可与下列药物同瓶滴注：氨基糖苷类药物、磷酸克林霉素、盐酸林可霉素、多黏菌素B、琥珀氯霉素、红霉素、肾上腺素、间羟胺、多巴胺、阿托品、葡萄糖酸钙、维生素B族、维生素C、含有氨基酸的营养注射剂和琥珀酸氢化可的松等。

【规格】（1）0.5 g （2）1.0 g （3）2.0 g

【用法与用量】皮下、肌内注射，或静脉滴注，每千克体重50 mg，一日2~3次，连用2~3 d。

阿莫西林分散片
Amoxicillin Dispersible Tablets

【适应证】适用于敏感菌（不产 β –内酰胺酶菌株）所致的下列感染：

① 溶血链球菌、肺炎链球菌、葡萄球菌或流感嗜血杆菌所致中耳炎、鼻窦炎、咽炎、扁桃体炎等上呼吸道感染。② 大肠埃希菌、奇异变形杆菌或粪肠球菌所致的泌尿生殖道感染。③ 溶血链球菌、葡萄球菌或大肠埃希菌所致的皮肤软组织感染。④ 溶血链球菌、肺炎链球菌、葡萄球菌或流感嗜血杆菌所致急性支气管炎、肺炎等下呼吸道感

染。⑤ 本品尚可用于治疗伤寒、伤寒带菌动物及钩端螺旋体病；阿莫西林亦可与克拉霉素、兰索拉唑三联用药根除胃、十二指肠幽门螺杆菌，降低消化道溃疡复发率。

【药理作用】阿莫西林是氨基青霉素，属于青霉素类抗菌药，对肺炎链球菌等需氧革兰阳性球菌，大肠杆菌等需氧革兰阴性菌的不产β-内酰胺酶菌株及幽门螺杆菌具有良好的抗菌活性。阿莫西林通过抑制细菌细胞壁合成而发挥杀菌作用，可使细菌迅速成为球状体而溶解、破裂。

【不良反应】常见胃肠道反应如腹泻、恶心和呕吐等。皮疹，尤其易发生于传染性单核细胞增多症。可见过敏性休克、药物热和哮喘等。偶见血清氨基转移酶升高、嗜酸性粒细胞增多、白细胞降低及念珠菌或耐药菌引起的二重感染。偶见兴奋、焦虑以及行为异常等中枢神经系统症状。

【禁忌证】有青霉素类药物过敏史或青霉素皮肤试验阳性动物禁用。

【注意事项】

1. 有青霉素过敏史动物禁用，对头孢菌素类药物过敏动物和有哮喘、湿疹、枯草热、荨麻疹等过敏性疾病史动物和严重肝功能障碍动物慎用。

2. 本品与其他青霉素类和头孢菌素类药物之间有交叉过敏性。若有过敏反应产生，则应立即停用本品，并采取相应措施。

3. 本品与其他青霉素类和头孢菌素类有部分交叉耐药性。

4. 肾功能减退动物应根据血浆肌酐清除率调整剂量或用药间期。血液透析可影响本品中阿莫西林的血药浓度，因此在血液透析过程中及结束时应加服本品1次。

5. 严重肝功能减退动物慎用，长期或大剂量服用本品动物，应定期检查肝、肾、造血系统功能和检测血清钾或钠。

6. 对实验室检查指标的干扰：① 硫酸铜法尿糖试验可呈假阳性，但葡萄糖试验法不受影响。② 可使血清丙氨酸氨基转移酶或门冬氨酸氨基转移酶测定值升高。

7. 怀孕动物禁用。哺乳期动物慎用。

【规格】（1）0.125 g （2）0.25 g

【用法与用量】口服，每千克体重10~20 mg，一日2~3次，连用5~7 d。

阿莫西林颗粒（阿莫仙颗粒）
Amoxicillin Granules

【适应证】同阿莫西林。

【规格】0.125 g

【用法与用量】口服，每千克体重10~20 mg，一日2~3次，连用5~7 d。

注射用阿莫西林钠（西诺林注射液）
Amoxicillin Sodium for Injection

【适应证】同阿莫西林。

【规格】0.5 g

【用法与用量】皮下或肌内注射，每千克体重10~20 mg，一日2~3次，连用5~7 d。

阿莫西林克拉维酸钾片（速诺片）
Amoxicillin and Clavulanate Potassium Tablets (Synulox™)

【主要成分】阿莫西林和克拉维酸钾。

【适应证】用于治疗犬、猫革兰阳性和革兰阴性敏感细菌的感染，如皮肤或软组织感染（脓肿、蜂窝组织炎、伤口感染和肛腺炎等）、泌尿系统感染感染、呼吸道和肠道感染，以及其他感染（中耳炎、骨髓炎、败血症、腹膜炎和手术后感染等）。

【药理作用】本品为阿莫西林和克拉维酸按4:1制成的复合制剂。阿莫西林为广谱青霉素类抗菌药，克拉维酸钾本身只有微弱的抗菌活性，但具有强大的广谱β-内酰胺酶抑制作用，两者合用，可保护阿莫西林免遭β-内酰胺酶水解。本品的抗菌谱与阿莫西林相同，且有所扩大，对产β-内酰胺酶金黄色葡萄球菌、表皮葡萄球菌、凝固酶阴性葡萄球菌及肠球菌均具良好作用，对某些产β-内酰胺酶的肠杆菌科细菌、流感嗜血杆菌、卡他莫拉菌、脆弱拟杆菌等也具有较好的抗菌活性。本品对耐甲氧西林葡萄球菌及肠杆菌属等产染色体介导 I

型酶的肠杆菌科细菌和假单胞菌属无作用。

【不良反应】参见阿莫西林。

【注意事项】参见阿莫西林。

【规格】（1）50 mg （2）250 mg （3）500 mg

【用法与用量】口服，每千克体重12.5~25.0 mg，一日2次，严重感染时剂量可加倍，连用5~7 d。一些慢性感染（慢性皮炎、慢性膀胱炎和慢性呼吸道感染）的治疗可连用10~28 d。

阿莫西林克拉维酸钾片（阿克舒片）
Amoxicillin and Clavulanate Potassium Tablets (AMOXYCLAV)

【主要成分】阿莫西林200 mg，克拉维酸（钾盐）50 mg。

【规格】（1）250 mg （2）500 mg

【用法与用量】同速诺片。

阿莫西林克拉维酸钾注射液（速诺注射液）
Amoxicillin and Clavulanate Potassium injection

【主要成分】本品是阿莫西林，克拉维酸钾加适宜稳定剂和椰子油制成的油混悬液。

【规格】10 mL：阿莫西林1.4 g，克拉维酸0.35 g

【用法与用量】皮下或肌内注射，每千克体重0.1 mL，一日1次，连用3~5 d。

（二）头孢菌素类

头孢氨苄片（头孢力新片）
Cefalexin Tablets (Cephalexin Tablets)

【适应证】适用于敏感菌所致的急性扁桃体炎、咽峡炎、中耳炎、鼻窦炎、支气管炎、肺炎等呼吸道感染，尿路感染及皮肤软组织感染等。本品为口服制剂，不宜用于重症感染。

【药理作用】头孢氨苄属第一代头孢菌素，抗菌谱与头孢噻吩相仿，但其抗菌活性较后者为差。除肠球菌属、甲氧西林耐药葡萄球菌外，肺炎链球菌、溶血性链球菌、产或不产青霉素酶葡萄球菌的大部分菌株对本品敏感。本品对奈瑟菌属有较好抗菌作用，但流感嗜血杆菌对本品的敏感性较差。本品对部分大肠埃希菌、奇异变形杆菌、沙门菌和志贺菌有一定抗菌作用。其余肠杆菌科细菌、不动杆菌、铜绿假单胞菌、脆弱拟杆菌均对本品呈现耐药。

【不良反应】

1. 恶心、呕吐、腹泻和腹部不适较为多见。

2. 皮疹、药物热等过敏反应。

3. 头晕、复视、耳鸣、抽搐等神经系统反应。

4. 应用本品期间偶可出现一过性肾损害。

5. 偶有患病动物出现血清氨基转移酶升高、Coombs试验阳性。溶血性贫血罕见，中性粒细胞减少和伪膜性结肠炎也有报告。

【禁忌证】对头孢菌素过敏动物及有青霉素过敏性休克或即刻反应史动物禁用。

【注意事项】

1. 在应用本品前须详细询问患病动物对头孢菌素类、青霉素类及其他药物过敏史，有青霉素类药物过敏性休克史动物禁用本品。

2. 头孢菌素类与青霉素类存在交叉过敏反应，需慎用。一旦发生过敏反应，立即停用药物。如发生过敏性休克，须立即就地抢救，包括保持气道通畅、吸氧和肾上腺素、糖皮质激素的应用等措施。

3. 有胃肠道疾病史的患病动物，尤其有溃疡性结肠炎、局限性肠炎或抗菌药物相关性结肠炎（头孢菌素很少产生伪膜性肠炎）动物以及肾功能减退动物应慎用本品。

4. 对诊断的干扰：应用本品时可出现直接Coombs试验阳性反应和尿糖假阳性反应（硫酸铜法）；少数患病动物的碱性磷酸酶、血清丙氨酸氨基转移酶和门冬氨酸氨基转移酶皆可升高。

5. 当每天口服剂量超过4 g（无水头孢氨苄）时，应考虑改注射用头孢菌素类药物。

6. 头孢氨苄主要经肾排出，肾功能减退患病动物应用本品须减量。

7. 头孢菌素可经乳汁排出少量，哺乳期应用本品时宜停止哺乳。

【规格】250 mg

【用法与用量】口服，每千克体重22 mg，一日2次，连用3~5 d。

头孢力新片（乐利鲜片）
Cephalexin Tablets (Rilexine®)

【适应证】犬、猫脓皮症（浅层和深层脓皮症）和尿路感染。

【规格】（1）75 mg　（2）300 mg　（3）600 mg

【用法用量】口服，每千克体重15 mg，一日2次。

头孢羟氨苄片
Cefadroxil Tablets

【适应证】用于葡萄球菌、链球菌、肺炎球菌等引起的呼吸道、生殖泌尿道、皮肤和软组织、消化道等感染性疾病。

【注意事项】

1. 应用本品的动物，硫酸铜法测尿糖可获得假阳性反应。血清尿素氮和肌酐可暂时性升高。血清胆红质、碱性磷酸酶、丙氨酸氨基转移酶（ALT）和门冬氨酸氨基转移酶（AST）皆可升高。

2. 肾功能减退动物慎用。对本品及头孢类抗菌药过敏动物禁用。

3. 本品不宜长期服用，以免引起假膜性肠炎。

【规格】（1）125 mg　（2）250 mg

【用法与用量】口服，每千克体重10~20 mg，一日1~2次，连用3~5 d。

注射用头孢拉定
Cefradine for Injection

【适应证】用于敏感菌所致的呼吸道、泌尿生殖道、皮肤和软组织感染。

【不良反应】多见恶心、呕吐、腹泻等。

【禁忌证】对本品或其他头孢菌素类药物过敏动物禁用。

【规格】（1）0.5 g （2）1.0 g （3）2.0 g

【用法与用量】肌内注射或静脉滴注，每千克体重50 mg，一日2次。

注射用头孢唑啉钠
Cefazolin Sodium for Injection

【适应证】用于治疗敏感菌所致的中耳炎、支气管炎、肺炎等呼吸道感染，尿路感染，皮肤和软组织感染，骨和关节感染，败血症，感染性心内膜炎，肝胆系统感染及眼、耳、鼻、喉科等感染。本品也可作为外科手术前的预防用药。本品不宜用于中枢神经系统感染。对慢性尿路感染，尤其伴有尿路解剖异常动物的疗效较差。

【药理作用】头孢唑啉为第一代头孢菌素，抗菌谱广。除肠球菌属、耐甲氧西林葡萄球菌属外，本品对其他革兰阳性球菌均有良好抗菌活性，肺炎链球菌和溶血性链球菌对本品高度敏感。白喉杆菌、炭疽杆菌、李斯特菌和梭状芽孢杆菌对本品也甚敏感。本品对部分大肠杆菌、奇异变形杆菌和肺炎克雷伯菌具有良好抗菌活性，但对金黄色葡萄球菌的抗菌作用较差。伤寒杆菌、志贺菌属和奈瑟菌属对本品敏感，其他肠杆菌科细菌、不动杆菌和铜绿假单胞菌耐药。革兰阳性厌氧菌和某些革兰阴性厌氧菌对本品多敏感。脆弱拟杆菌耐药。

【不良反应】静脉注射发生的血栓性静脉炎和肌内注射区疼痛较头孢噻吩少而轻。偶见药疹、嗜酸粒细胞增高、药物热。个别动物可出现暂时性血清氨基转移酶、碱性磷酸酶升高。白念珠菌二重感染偶见。

【禁忌证】对头孢菌素过敏动物，及有青霉素过敏性休克或即刻反应史动物禁用本品。

【注意事项】

1. 对青霉素过敏或过敏体质者慎用。

2. 个别用药动物可出现直接和间接Coombs试验阳性及尿糖假阳性反应（硫酸铜法）。

【规格】（1）0.5 g （2）1 g

【用法与用量】皮下、肌内注射，或静脉注射，每千克体重20~30 mg，一日3~4次。

注射用头孢噻肟钠
Cefotaxime Sodium for Injection

【适应证】用于敏感细菌所致的肺炎及其他下呼吸道感染、尿路感染、脑膜炎、败血症、腹腔感染、盆腔感染、皮肤和软组织感染、生殖道感染、骨和关节感染等。

【药理作用】头孢噻肟为第三代头孢菌素，广谱抗菌。对大肠杆菌、沙门菌属等肠杆菌科细菌革兰阴性菌和溶血性链球菌、肺炎链球菌等革兰阳性球菌及流感杆菌、淋病奈瑟菌（包括产β-内酰胺酶株）、脑膜炎奈瑟菌和卡他莫拉菌有强大活性。阴沟肠杆菌、产气肠杆菌对本品比较耐药。本品对铜绿假单胞菌和产碱杆菌无抗菌活性。对金黄色葡萄球菌的抗菌活性较差。肠球菌属对本品耐药。

【不良反应】不良反应发生率低。有皮疹和药物热、静脉炎、腹泻、恶心、呕吐、食欲不振等。偶见头痛、麻木、呼吸困难和面部潮红。极少数动物可发生黏膜念珠菌病。

【注意事项】

1. 对一种头孢菌素或头霉素过敏动物对其他头孢菌素类或头霉素也可能过敏，对青霉素或青霉胺过敏动物也可能对本品过敏。

2. 应用本品可致血清碱性磷酸酶、血清尿素氮、丙氨酸氨基转移酶（ALT）、门冬氨酸氨基转移酶（AST）或血清乳酸脱氢酶值增高。

3. 静脉滴注时，将静脉注射液稀释至100~500 mL，本品与氨基糖苷类不可同瓶滴注。肌内注射剂量超过2 g时，应分不同部位注射。

4. 有胃肠道疾病或肾功能减退动物慎用。

【规格】（1）0.5 g （2）1.0 g （3）2.0 g

【用法与用量】皮下、肌内注射，或静脉注射，每千克体重20~40 mg，一日3~4次。

注射用头孢噻呋钠
Ceftiofur Sodium for Injection

【适应证】用于敏感菌引起的消化系统、呼吸系统、泌尿生殖系统感染，以及关节炎、脑膜炎、败血症等均有显著疗效。也可用于手术前后的预防感染。

【药理作用】头孢噻呋钠属 β–内酰胺类抗菌药，为兽医临床专用的第三代头孢类抗菌药。具有广谱高效杀菌作用，对革兰阳性菌、革兰阴性菌包括产 β–内酰胺酶菌株菌均有效。其抗菌机制是抑制细菌细胞壁的合成而导致细菌死亡。敏感菌主要有多杀性巴氏杆菌、溶血性巴氏杆菌、胸膜肺炎放线杆菌、沙门菌、大肠杆菌、链球菌、葡萄球菌等，某些铜绿假单胞菌、肠球菌耐药。本品抗菌活性比氨苄西林强，对链球菌的活性比喹诺酮类强。与氨基糖苷类药物合用有协同作用。

本品内服不吸收，皮下和肌内注射吸收迅速且分布广泛，但不能透过血脑屏障。

【不良反应】1. 可能引起胃肠道菌群紊乱或二重感染。2. 有一定的肾毒性。

【规格】0.1 g（以头孢噻呋钠计）

【用法与用量】皮下或肌内注射，每千克体重5 mg，一日1次。

注射用头孢噻呋钠（沃瑞特注射液）
Ceftiofur Sodium for Injection

【规格】0.1 g（以头孢噻呋钠计）

【用法与用量】皮下、肌内注射，或静脉滴注，每千克体重5 mg，一日1次。

注射用头孢噻呋钠（宠呋康注射液）
Ceftiofur Sodium for Injection (Chowforcan Injection)

【规格】0.1 g（以头孢噻呋钠计）

【用法与用量】皮下或肌内注射，每千克体重5 mg，一日1次。

注射用头孢呋辛钠
Cefuroxime Sodium for Injection

【适应证】用于敏感菌所致的呼吸道感染、肾盂肾炎、尿路感染及骨、关节、耳鼻咽喉、软组织等的感染。

【不良反应】致皮肤过敏。有胃肠道反应。肾功能不全的动物应减量。肌内注射时，注射部位会有暂时的疼痛，剂量较大时尤其如此。

【规格】（1）0.1 g （2）0.75 g （3）1.5 g

【用法与用量】皮下、肌内注射，或静脉滴注，每千克体重50~100 mg，一日2次。

注射用头孢曲松钠
Ceftriaxone sodium for Injection

【适应证】用于敏感菌感染所致的下呼吸道感染、尿路感染、胆道感染，以及腹腔感染、盆腔感染、皮肤和软组织感染、骨和关节感染、败血症、脑膜炎等及手术期感染预防。

【药理作用】本品为第三代头孢菌素类抗菌药。对肠杆菌科细菌有强大活性。阴沟肠杆菌、不动杆菌属和铜绿假单胞菌对本品的敏感性差。对流感嗜血杆菌、淋病奈瑟菌和脑膜炎奈瑟菌有较强抗菌作用，对溶血性链球菌和肺炎球菌亦有良好作用。对金黄色葡萄球菌的MIC为2~4 mg/L。耐甲氧西林葡萄球菌和肠球菌对本品耐药。多数脆弱拟杆菌对本品耐药。

【不良反应】不良反应与治疗的剂量、疗程有关。注射部位反应，如静脉炎和疼痛等。皮疹、瘙痒、发热、支气管痉挛和血清病等过敏反应。头痛或头晕。腹泻、恶心、呕吐、腹痛、结肠炎、胀气、味觉障碍和消化不良。

【注意事项】

1. 给药前需进行过敏试验。

2. 交叉过敏反应：对一种头孢菌素或头霉素过敏动物对其他头孢菌素或头霉素也可能过敏。对青霉素类、青霉素衍生物或青霉胺过敏动物，也可能对头孢菌素过敏。

3. 对青霉素过敏动物应用本品时应慎用，有青霉素过敏性休克或即刻反应动物，不宜再选用头孢菌素类。

4. 有胃肠道疾病史动物，特别是溃疡性结肠炎、局限性肠炎或抗菌药相关性结肠炎（头孢菌素类很少产生伪膜性结肠炎）动物应慎用。

5. 由于头孢菌素类毒性低，所以有慢性肝病动物应用本品时不需调整剂量。

6. 肾功能不全的动物，每日应用本品剂量少于2 g。

7. 对诊断的干扰：应用本品的动物以硫酸铜法测尿糖时可获得假阳性反应，以葡萄糖酶法则不受影响。血清尿素氮和肌酐可有暂时性升高。血清胆红质、碱性磷酸酶、丙氨酸氨基转移酶（ALT）和门冬氨酸氨基转移酶（AST）皆可升高。

8. 本品不得加入哈特曼氏，以及林格氏等含有钙的溶液中应用。

【规格】（1）0.25 g（2）0.5 g（3）1 g

【用法与用量】皮下、肌内注射，或静脉滴注，每千克体重20 mg，一日2次。

头孢维星钠注射液（康卫宁注射液）
Cefovecin Sodium Injection (Convenia Injection)

【适应证】头孢维星是第三代的头孢类抗菌药，用于治疗犬、猫皮肤感染。

【规格】1 mL：80 mg

【用法与用量】皮下注射，每千克体重8 mg，一次注射最多可维持14 d。首次注射后，抗中间葡萄球菌感染的有效药物浓度可以持续7 d，抗犬链球菌感染的有效药物浓度可以持续14 d。依据治疗效果，可以进行第二次皮下注射，最多不应超过2次。

硫酸头孢喹肟注射液（赛福魁注射液）
Cefquinome Sulfate Injection

【适应证】用于宠物由敏感菌引起的各种呼吸系统感染、泌尿生殖道感染、病毒性感染引起的细菌重度继发感染，以及各种败血症、脑膜炎、关节炎、软组织感染等。手术前后预防性注射本品，能有效预防术后感染，提高手术成功率。

【药理作用】头孢喹肟是第四代动物专用头孢菌素类抗菌药。具有广谱抗菌活性，对青霉素酶与β-内酰胺酶稳定。体外抑菌试验表明本品可抑制常见的革兰阳性和阴性的细菌，包括大肠杆菌、枸橼酸杆菌、克雷伯菌、巴氏杆菌、变形杆菌、金黄色葡萄球菌、链球菌、类杆菌、梭状芽孢杆菌、普雷沃菌、防线杆菌。

【注意事项】

　1. 对青霉素和头孢类抗菌药过敏动物勿接触本品。

　2. 对β-内酰胺类抗菌药过敏的动物禁用。

　3. 使用前应冲分摇匀，开瓶后于2~10℃保存。

【规格】（1）10 mL：0.25 g　（2）100 mL：2.5 g

【用法与用量】皮下注射，每千克体重2.5 mg（每千克体重0.1 mL），一日1次，连用5~7 d。严重感染时剂量可加倍。

硫酸头孢喹肟注射液（惠可宁注射液）
Cefquinome Sulfate Injection

【适应证】【药理作用】【注意事项】同硫酸头孢喹肟注射液。

【规格】0.2 g

【用法与用量】皮下注射，每千克体重2.5 mg（每千克体重0.1 mL），一日1次，连用5~7 d。严重感染时剂量可加倍。

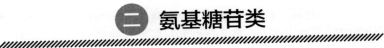

二　氨基糖苷类

注射用硫酸卡那霉素
Kanamycin Sulfate Injection

【适应证】用于敏感肠杆菌科细菌如大肠杆菌、克雷伯菌属、变形杆菌属、产气肠杆菌、志贺菌属等引起的严重感染，如肺炎、败血症、腹腔感染等，常需与其他抗菌药物联合应用。

【药理作用】与链霉素相似，对大多数革兰阴性菌如大肠杆菌、变形杆菌、沙门菌、多杀性巴氏杆菌等有强大的抗菌作用，对金黄色葡萄球菌和结核杆菌也比较敏感。绿脓杆菌、革兰阳性菌（金黄色葡萄球菌除外）、立克次体、厌氧菌、真菌等对本品耐药。

【不良反应】在疗程中可能发生听力减退、耳鸣或耳部饱满感。可出现血尿、排尿次数减少或尿量减少、食欲减退、恶心、呕吐、极度口渴等肾毒性反应。偶可出现呼吸困难、嗜睡或软弱等神经肌肉阻滞现象。其他不良反应有头痛、皮疹、药物热、口周麻木、白细胞减低、嗜酸性粒细胞增多、肌注局部疼痛等。

【禁忌证】对本品或其他氨基糖苷类药物有过敏史动物禁用。幼龄动物慎用。

【规格】（1）0.5 g：50万U （2）1 g：100万U

【用法与用量】肌内注射或静脉滴注，每千克体重15～25 mg，一日2次。0.25%硫酸卡那霉素溶液可用作冲洗液。0.1%溶液亦可用于气溶吸入。5%的注射液可用于腹腔内给药。

注射用硫酸链霉素
Streptomycin Sulfate for Injection

【适应证】对结核杆菌、鼠疫杆菌、布氏杆菌等有良好抗菌作用。用于治疗结核病（应与雷米封或PAS联合使用）、感染性心内膜炎、布氏杆菌病、鼠疫等。

【注意事项】

1. 交叉过敏：对一种氨基糖苷类过敏的动物可能对其他氨基糖苷类也过敏。

2. 在失水、脑神经损害、重症肌无力及肾功能损害等情况，应慎用链霉素。

3. 对诊断的干扰：本品可使丙氨酸氨基转移酶（ALT）、门冬氨酸氨基转移酶（AST）、血清胆红素浓度及乳酸脱氢酶浓度的测定值增高。血钙、镁、钾、钠浓度的测定值可能降低。

4. 哺乳期用药期间宜暂停哺乳。

【规格】（1）0.75 g：75万U （2）1 g：100万U （3）2 g：200万U
（4）5 g：500万U

【用法与用量】肌内注射，每千克体重20 mg，一日1次，连用4 d。

硫酸庆大霉素注射液
Gentamicin Sulfate Injection

【适应证】用于治疗敏感革兰阴性杆菌，如大肠杆菌、克雷伯菌属、肠杆菌属、变形杆菌属、沙雷菌属、铜绿假单胞菌以及葡萄球菌甲氧西林敏感株所致的严重感染，如败血症、下呼吸道感染、肠道感染、盆腔感染、腹腔感染、皮肤软组织感染、复杂性尿路感染等。治疗腹腔感染及盆腔感染时应与抗厌氧菌药物合用，临床上多采用庆大霉素与其他抗菌药联合使用，与青霉素（或氨苄西林）合用可治疗肠球菌属感染。也用于敏感菌所致的中枢神经系统感染，如脑膜炎、脑室炎时，可同时用本品鞘内注射作为辅助治疗。

【药理作用】对多种革兰阴性菌（如大肠杆菌、克雷伯氏菌、变形杆菌、绿脓杆菌、巴氏杆菌、沙门菌等）和金黄色葡萄球菌均有抗菌作用。

【不良反应】用药过程中可能引起听力减退、耳鸣或耳部饱满感等耳毒性反应，影响前庭功能时可发生步履不稳、眩晕，也可能发生血尿、排尿次数减少或尿量减少，食欲减退，极度口渴等肾毒性反应。可能发生因神经肌肉阻滞或肾毒性引起的呼吸困难、嗜睡、软弱无力等。偶有呕吐、恶心、皮疹、肝功能减退、白细胞减少、粒细胞减少、贫血、低血压等。全身给药合并鞘内注射可能引起腿部抽搐、皮疹、发热和全身痉挛等。不宜作静脉推注或大剂量快速静滴，以防止呼吸抑制发生。

【禁忌证】对本品或其他氨基糖苷类药物有过敏动物禁用。

【注意事项】

1. 下列情况应慎用本品：失水、脑神经损害、重症肌无力或帕金森病及肾功能损伤动物。

2. 交叉过敏：对一种氨基糖苷类过敏的动物可能对其他氨基糖苷类也过敏。

3. 在用药前、用药过程中应定期进行尿常规和肾功能检查，以防止出现严重肾毒性反应。

4. 用药期间应给予动物充足的水分，以减少对肾小管的损害。

5. 长期应用可能导致耐药菌过度生长。

6. 不宜用于皮下注射。

7. 本品有抑制呼吸作用，不得静脉推注。

8. 对诊断的干扰：本品可使丙氨酸氨基转移酶（ALT）、门冬氨酸氨基转移酶（AST）、血清胆红素浓度及乳酸脱氢酶浓度的测定值增高。血钙、镁、钾、钠浓度的测定值可能降低。

9. 哺乳期间用药宜暂停哺乳。

【规格】（1）2 mL：40 mg（4万U）（2）2 mL：80 mg（8万U）

【用法与用量】口服或肌内注射，每千克体重3~5 mg，一日2次，连用2~3 d。

硫酸卡那霉素注射液
Kanamycin Sulfate Injection

【适应证】用于治疗败血症、泌尿道及呼吸道感染。

【不良反应】肾脏毒性，常可引起轻度蛋白尿、管型尿及尿中出现少量红细胞、白细胞，偶可引起尿素氮升高。过敏反应，可有斑丘疹、皮肤瘙痒、嗜酸性粒细胞增多等。忌与碱性药物配伍，因可增加毒性。一般疗程不宜超过2周，肾功能减退动物慎用。

【规格】2 mL：0.5 g（50万U）

【用法与用量】肌内注射，每千克体重10~20 mg，一日2次，连用3~5 d。

硫酸阿米卡星注射液
Amikacin Sulfate Injection

【适应证】用于铜绿假单胞菌及部分其他假单胞菌、大肠杆菌、变形杆菌属、克雷伯菌属、肠杆菌属、沙雷菌属、不动杆菌属等敏感革兰阴性杆菌及葡萄球菌属甲氧西林敏感株所致严重感染，如菌血症或败血症、细菌性心内膜炎、下呼吸道感染、骨关节感染、胆道感染、腹腔感染、复杂性尿路感染、皮肤软组织感染等。由于本品对多数氨基糖苷类钝化酶稳定，故尤其用于治疗革兰阴性杆菌对卡那霉素、庆大霉素或妥布霉素耐药菌株所致的严重感染。本品对厌氧菌无效。

【药理作用】阿米卡星作用于细菌核糖体的30S亚单位，抑制细菌合成蛋白质。阿米卡星与半合成青霉素类或头孢菌素类合用常可获协同抗菌作用。

【不良反应】同硫酸庆大霉素注射液。

【禁忌证】对本品或其他氨基糖苷类药物有过敏史的动物禁用。

【注意事项】同硫酸庆大霉素注射液。

【规格】2 mL：0.2 g（20万U）

【用法与用量】皮下或肌内注射，每千克体重10 mg（即每千克体重0.1 mL），一日2次。或15 mg/kg，一日1次。

硫酸庆大–小诺霉素注射液（普美生注射液）
Gentamicin-Micronomicin Sulfate Injection

【适应证】用于大肠杆菌、克雷伯杆菌、变形杆菌、巴氏杆菌、沙门菌属等革兰阴性菌引起的呼吸道、泌尿道、腹腔及外伤感染，也可用于败血症。

【不良反应】长期或大量应用可能引起肾毒症。

【规格】2 mL：80 mg（8万U）

【用法与用量】皮下或肌内注射，每千克体重4~8 mg（即每千克体重0.1~0.2 mL），一日1次。

硫酸新霉素片
Neomycin Sulfate Tablets

【适应证】用于治疗革兰阴性菌所致的胃肠道感染，也用于结肠手术前肠道准备，或肝昏迷时作为辅助治疗。新霉素不宜用于全身性感染的治疗。

【药理作用】硫酸新霉素是一种氨基糖苷类抗菌药。本品对葡萄球菌属（甲氧西林敏感株）、棒状杆菌属、大肠杆菌、克雷伯菌属、变形杆菌属等肠杆菌科细菌有良好抗菌作用，对各组链球菌、肺炎链球菌、肠球菌属等活性差。铜绿假单胞菌、厌氧菌等对本品耐药。细菌对链霉素、新霉素和卡那霉素、庆大霉素间有部分或完全交叉耐药。

【不良反应】新霉素全身用药有显著肾毒性和耳毒性，故目前仅限于口服或局部应用。

【规格】（1）0.1 g：10万 U　（2）0.25 g：20万 U

【用法与用量】口服，每千克体重25~50 mg，一日2次，连用3~5 d。

硫酸新霉素溶液（比利口服液）
Neomycin Sulfate Solution

【适应证】同硫酸新霉素片。

【规格】40 mL

【用法与用量】口服，体重< 7 kg，1 mL；7~14 kg，2mL；14~21 kg，3 mL；>21 kg，4~6 mL。一日2次，连用3~5 d，或遵医嘱。

硫酸妥布霉素注射液
Tobramycin Sulfate Injection

【适应证】用于铜绿假单胞菌、变形杆菌属、克雷伯菌属、肠杆菌属、沙雷菌属所致的脓毒症、败血症、中枢神经系统感染（包括脑膜炎）、泌尿生殖道感染、肺部感染、胆道感染、腹腔感染及腹膜炎、骨骼感染、烧伤、皮肤和软组织感染、急性与慢性中耳炎、鼻窦炎等。可与其他抗菌药物联合用于葡萄球菌感染（耐甲氧西林菌株无效）。本品对多数D组链球菌感染无效。

【药理作用】本品属氨基糖苷类抗菌药。对革兰阴性杆菌及一些革兰阳性菌具良好的抗菌作用，大肠杆菌、绿脓杆菌及金黄色葡萄球菌对本品的敏感率达80%～90%。本品对流感杆菌、肺炎杆菌、产气杆菌、变异变形杆菌、吲哚阳性变形杆菌、沙雷氏菌、痢疾杆菌、产碱杆菌等，也均具良好的抗菌作用。

【不良反应】全身给药合并鞘内注射可能引起腿部抽搐、皮疹、发热和全身痉挛等。可能有听力减退、耳鸣或耳部饱满感（耳毒性）、血尿、排尿次数显著减少或尿量减少、食欲减退、极度口渴（肾毒性）、步履不稳、眩晕（耳毒性、影响前庭、肾毒性）。偶见呼吸困难、嗜睡、极度软弱无力（神经肌肉阻滞或肾毒性）。

【禁忌证】对本品或其他氨基糖苷类过敏动物、有因使用链霉素引起耳聋遗传史动物或其他耳聋动物禁用。肾衰竭动物禁用。

【注意事项】本品耳、肾毒性较庆大霉素为低，但应警惕，勿长期或超量使用。

【规格】2 mL：80 mg（8万U）

【用法与用量】皮下、肌内注射，或静脉滴注，每千克体重1 mg，一日3次。

盐酸大观霉素注射液（犬支安注射液）
Spectinomycin Hydrochloride Injection

【适应证】用于革兰阴性菌及支原体感染。

【药理作用】本品属氨基糖苷类抗菌药。对多种革兰阴性杆菌如大肠杆菌、沙门氏菌、志贺氏菌、变形杆菌等有中度抑制作用，A型链球菌、肺炎球菌、表皮葡萄球菌和某些支原体对大观霉素亦敏感，草绿色链球菌和金黄色葡萄球菌多不敏感。

【注意事项】剂量过大易引起神经肌肉阻断等急性毒性反应，并引起肾脏、听神经损害。

【禁忌证】对氨基糖苷类过敏的患病动物禁用。

【规格】10 mL：0.5 g（50万U）

【用法与用量】仅限犬用。肌内注射，每千克体重0.2~0.3 mL，一日2次，连用3 d。

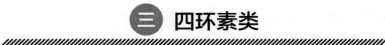

四环素片
Tetracycline Tablets

【适应证】广谱抗菌药。治疗斑疹伤寒、恙虫病及支原体肺炎的首选药。亦用于布氏杆菌病、衣原体感染以及敏感菌所致的呼吸道、胆道、尿路等感染。

【药理作用】与土霉素相似，但对革兰阴性菌的作用较好，对革兰阳性球菌如葡萄球菌效力不如金霉素。

【不良反应】长期应用可引起二重感染及肝脏损害。肝、肾功能不全动物慎用。

【规格】250 mg

【用法与用量】口服，每千克体重10 mg，一日2次。

土霉素
Oxytetracycline

【适应证】用于治疗革兰阴性、阳性菌和支原体感染，如巴氏杆菌、大肠杆菌和沙门菌感染。

【药理作用】本品的抗菌谱及作用、用途等基本与四环素相同，但对阿米巴肠炎及肠道感染比四环素好，尤其对急性阿米巴痢疾疗效更佳。

【不良反应】较多见的为胃肠道反应，如恶心、呕吐、腹泻等，偶可引起消化道溃疡或出血。

【规格】（1）0.25 g （2）1 mL：0.1 g （3）1 mL：0.2 g

【用法与用量】口服，每千克体重20 mg，一日3次。

盐酸多西环素片（强力霉素片）
Doxycycline Hydrochloride Tablets

【适应证】1. 本品作为选用药物之一可用于下列疾病：① 立克次体

病，如流行性斑疹伤寒、地方性斑疹伤寒、洛矶山热、恙虫病和Q热。② 支原体属感染。③ 衣原体属感染，包括鹦鹉热、性病、淋巴肉芽肿、非特异性尿道炎、输卵管炎、宫颈炎及沙眼。④ 回归热。⑤ 布鲁菌病。⑥ 霍乱。⑦ 兔热病。⑧ 鼠疫。⑨ 软下疳。治疗布鲁菌病和鼠疫时需与氨基糖苷类联合应用。

2. 由于目前常见致病菌对四环素类耐药现象严重，仅在病原菌对本品敏感时，方有应用指征。葡萄球菌属大多对本品耐药。

3. 本品可用于对青霉素类过敏患病动物的破伤风、气性坏疽、雅司、梅毒、淋病和钩端螺旋体病以及放线菌属、李斯特菌感染。

4. 可用于中、重度痤疮患病动物作为辅助治疗。

【不良反应】

1. 消化系统：本品口服可引起恶心、呕吐、腹痛、腹泻等胃肠道反应。偶有食管炎和食管溃疡的报道。

2. 肝毒性：脂肪肝变性患病动物和妊娠期犬容易发生，亦可发生于无上述情况的动物。偶可发生胰腺炎，本品所致胰腺炎也可与肝毒性同时发生。

3. 过敏反应：多为斑丘疹和红斑，少数病人可有荨麻疹、血管神经性水肿、过敏性紫癜、心包炎以及系统性红斑狼疮皮损加重，表皮剥脱性皮炎并不常见。偶有过敏性休克和哮喘发生。某些用本品的患病动物日晒可有光敏现象。建议动物服用本品期间不要直接暴露于阳光或紫外线下，一旦皮肤有红斑应立即停药。

4. 血液系统：偶可引起溶血性贫血、血小板减少、中性粒细胞减少和嗜酸粒细胞减少。

5. 中枢神经系统：偶可致良性颅内压增高，可表现为头痛、呕吐、视神经乳头水肿等，停药后可缓解。

6. 二重感染：长期应用本品可发生耐药金黄色葡萄球菌、革兰阴性菌和真菌等引起的消化道、呼吸道和尿路感染，严重者可致败血症。

7. 四环素类的应用可使动物体内正常菌群减少，并致维生素缺乏、真菌繁殖，出现口干、咽炎、口角炎和舌炎等。

【禁忌证】有四环素类药物过敏史者禁用。该类药物在动物实验中有致畸胎作用，因此妊娠犬不宜应用。本品可自乳汁分泌，乳汁中浓度较高，哺乳期间用药时，应暂停哺乳。

【注意事项】

1. 应用本品时可能发生耐药菌的过度繁殖。一旦发生二重感染，即停用本品并予以相应治疗。

2. 治疗性病时，如怀疑同时合并梅毒螺旋体感染，用药前需进行暗视野显微镜检查及血清学检查，后者每月1次，至少4次。

3. 长期用药时应定期随访检查血常规以及肝功能。

4. 肾功能减退患病动物可应用本品，不必调整剂量，应用本品时通常亦不引起血清尿素氮的升高。

5. 本品可与食品、牛奶或含碳酸盐饮料同服。

6. 在幼犬、幼猫使用四环素类可能导致成年后牙齿永久性发黄。

【规格】（1）0.05 g　（2）0.1 g

【用法与用量】 口服，每千克体重2.2 mg，一日2次，连用5~7 d。

盐酸多西环素片（强力霉素片VibraVet®）
Doxycycline Hydrochloride Tablets (VibraVet®)

【主要成分】 盐酸多西环素。

【适应证】 用于治疗呼吸道、消化道、泌尿生殖道及皮肤感染等。亦可用于治疗犬瘟热、犬细小病毒病、犬窝咳、猫瘟热、猫传染性腹膜炎（干性和湿性）、及猫杯状病毒病、猫疱疹病毒病、猫冠状病毒病等引起的并发症，对发烧、咳嗽、流涕、流泪、腹泻、口腔溃疡、腹水、胸腔积液等症状有明显改善。同时服用止泻防脱水、增强免疫力、抗癫痫、保肝退腹水、增加食欲等药物可明显提高犬、猫病毒性疾病的救治率。

【不良反应】【禁忌证】【注意事项】 同盐酸多西环素。

【规格】 0.05 g

【用法与用量】 口服，每千克体重2.2 mg，一日2次，连用5~7 d。

盐酸多西环素膏（强力膏VibraVet®）
Doxycycline Hydrochloride Paste (VibraVet®)

【主要成分】 盐酸多西环素。

【适应证】【不良反应】【禁忌证】【注意事项】 同盐酸多西环素。

【规格】2.5 g（100 mg盐酸多西环素/ g）

【用法与用量】口服，一日1次，连用5～7 d。

成犬、成猫-VibraVet 100膏剂（2.5 g净重）					
体重	5 kg	10 kg	20 kg	30 kg	40 kg
首次剂量（g）	0.25	0.5	1.0	1.5	2.0
后续剂量（g）	0.25	0.25	0.5	0.75	1.0

四　大环内酯类

红霉素片
Erythromycin Tablets

【适应证】主要用于治疗耐青霉素葡萄球菌引起的感染性疾病，也用于治疗其他革兰阳性菌及支原体感染，如肺炎、子宫炎、乳腺炎、败血症等。

【药理作用】对革兰阳性菌如金黄色葡萄球菌、溶血性链球菌、肺炎球菌、炭疽杆菌及梭形芽孢杆菌等有强大抗菌作用。对革兰阴性菌如脑膜炎双球菌、流感菌、布氏杆菌、部分痢疾杆菌及大肠杆菌等有一定作用。特点是对青霉素产生耐药性的菌株，对本品敏感。

【不良反应】胃肠道反应，可有恶心、呕吐、腹痛及腹泻。过敏反应，可有荨麻疹及药物热。可引起肝脏损害。肌内注射局部刺激性大，可引起疼痛及硬结，因此不宜肌内注射。

【规格】（1）0.125 g　（2）0.25 g

【用法与用量】口服，每千克体重10~20 mg，一日3次，连用3~5 d。

红霉素眼膏
Erythromycin Eye Ointment

【适应证】用于沙眼、结膜炎、睑缘炎及眼外部感染。

【不良反应】可出现眼部刺激、发红及其他过敏反应。

【禁忌证】对红霉素过敏动物禁用。

【规格】10 g∶0.5%

【用法与用量】眼用，涂于眼睑，一日多次。

罗红霉素分散片（严迪分散片）
Roxithromycin Dispersible Tablets

【适应证】用于革兰阳性菌、厌氧菌、支原体和衣原体感染等，包括：上呼吸道感染。下呼吸道感染。耳鼻喉感染。生殖器感染（淋球菌感染除外）。皮肤和软组织感染。用于支原体肺炎、沙眼衣原体感染及军团菌感染等。

【不良反应】可见胃肠道反应、皮疹、丙氨酸氨基转移酶（ALT）及门冬氨酸氨基转移酶（AST）升高。

【禁忌证】对本品过敏动物禁用。禁忌与麦角胺及二氢麦角胺配伍。肝、肾功能不全的动物慎用。

【规格】（1）75 mg （2）150 mg

【用法与用量】饭前口服，每千克体重10~20 mg，一日2~3次。

注射用阿奇霉素
Azithromycin for Injection

【适应证】用于敏感菌所致的下列感染：（1）由肺炎衣原体、流感嗜血杆菌、嗜肺军团菌、卡他摩拉菌、肺炎支原体、金黄色葡萄球菌或肺炎链球菌引起的需要首先采取静脉滴注治疗的获得性肺炎。（2）有沙眼衣原体、淋病奈瑟菌引起的需要首先采取静脉滴注治疗的盆腔炎。

【药理作用】阿奇霉素为氮杂内酯类抗菌药，其作用机理是通过与敏感微生物的50 S核糖体的亚U结合，从而干扰其蛋白质的合成（不影响核酸的合成）。对革兰阳性需氧微生物：如金黄色葡萄球菌、酿脓链球菌、肺炎链球菌、溶血性链球菌有抗菌作用。对革兰阴性需氧微生物：流感嗜血杆菌、卡他摩拉菌、沙眼衣原体有抗菌作用。对耐红霉素的革兰阳性细菌有交叉耐药性。大多数粪链球菌（肠球菌）以及耐甲氧西林的葡萄球菌对本品耐药。对产β-内酰胺酶的菌株无效。

【不良反应】

1. 胃肠道反应：腹泻、腹痛、稀便、恶心、呕吐等，消化不良、胃肠胀气、黏膜炎、口腔念珠菌病、胃炎等。

2. 局部反应：注射部位疼痛、局部炎症等。

3. 皮肤反应：皮疹、瘙痒。

4. 其他反应：如厌食、阴道炎、口腔炎、头晕或呼吸困难等。

5. 神经系统：头痛、嗜睡等。

6. 过敏反应：支气管痉挛等。

7. 对诊断的干扰：可使血清氨基转移酶、肌酐、乳酸脱氢酶、胆红素及碱性磷酸酶升高，白细胞、中性粒细胞及血小板计数减少。

【禁忌证】对阿奇霉素、红霉素或其他任何一种大环内酯类药物过敏动物禁用。

【注意事项】

1. 严重肾功能不全的动物慎用，肝功能不全的动物慎用。

2. 治疗期间若动物出现腹泻症状，应考虑假膜性肠炎发生，如果确诊，应采取相应治疗措施，包括维持水、电解质平衡、补充蛋白质等。

3. 妊娠及哺乳期动物慎用，幼龄及老龄动物慎用。

【规格】（1）0.125 g（12.5万U）（2）0.25 g（25万U）（3）0.5 g（50万U）

【用法与用量】静脉滴注，将本品用适量注射用水充分溶解，配制成0.1 g/mL，再加入至250 mL或500 mL 0.9%氯化钠注射液或5%葡萄糖注射液中，最终阿奇霉素浓度为1.0~2.0 mg/mL，每千克体重5~10 mg，一日1次。

泰乐菌素注射液（犬、猫肺炎灵）
Tylosin Injection for Dogs and Cats

【主要成分】本品主要成分为泰乐菌素。

【适应证】主要用于治疗犬、猫细菌或支原体引起的呼吸系统疾病如肺炎、咽喉炎、支气管炎、慢性呼吸道疾病等，也可用于子宫内膜炎、肠炎及创伤等软组织损伤。

【药理作用】泰乐菌素属于大环内酯类抗菌药，对支原体属有效，是大环内酯类中抗支原体作用最强的药物之一。此外，泰乐菌素对革兰阳性菌和一些革兰阴性菌亦有效，敏感菌有金黄色葡萄球菌、化脓链球菌、肺炎链球菌、化脓棒状杆菌等。

【不良反应】偶见肌内注射后疼痛和局部反应及轻度胃肠道不适。

【注意事项】本品的水溶液遇铁、铜、铝、锡等离子可形成络合物而减效。细菌对其他大环内酯类耐药后，对本品常不敏感。

【规格】2 mL：0.1 g

【用法与用量】皮下或肌内注射，每千克体重0.2 mL，一日1次，连用5 d，每日注射剂量不超过6 mL。

五 酰胺醇类

氟苯尼考注射液
Florfenicol Injection

【适应证】本品为广谱抗菌药，是氯霉素与甲砜霉素的替代品，抗菌作用与抗菌活性均优于氯霉素和甲砜霉素，对多种革兰阳性和革兰阴性菌及支原体均有很强的作用。如大肠杆菌、沙门菌、肺炎菌、链球菌、葡萄球菌、衣原体、支原体、钩端螺旋体、立克次体及多气荚膜杆菌。用于脑部炎症、呼吸道感染、败血症等全身感染。

【药理作用】为第三代酰胺醇类抗菌药，抗菌机理与氯霉素、甲砜霉素相似，但其抗菌能力可达甲砜霉素的10倍之多。能与细菌核糖体上的50S亚基紧密结合，阻碍了肽酰基转移酶的转肽反应，从而抑制肽链的延伸。同时，还选择性地作用于组成细菌核蛋白体的70S核蛋白体，从两方面干扰细菌蛋白质的合成。肌注1 h后，血液中药物可达治疗浓度，1~3 h即可达血药高峰。一次给药，有效血药浓度可维持48~72 h以上。同时，无致突变、致畸等特殊毒性。

【注意事项】

1. 本品禁与青霉素类、头孢类、喹诺酮类等药物合用。

2. 肾功能不全动物要减量或增加给药间隔时间。

3. 疫苗接种期或免疫功能严重缺损的动物禁用。

4. 当用肌注方式给药时，不宜在同一部位反复注射。

5. 有胚胎毒性，妊娠期及哺乳期宠物慎用。

6. 连续用药不得超过5 d。

7. 本品开启后发现性状变化不得再使用。

【规格】（1）2 mL：200 mg　（2）50 mL：5g

【用法与用量】皮下或肌内注射，每千克体重犬0.2 mL，猫0.1 mL，一日1次。

六　林可胺类

盐酸林可霉素注射液
Lincomycin Hydrochloride Injection

【适应证】用于敏感葡萄球菌属、链球菌属、肺炎链球菌及厌氧菌所致的呼吸道感染、皮肤软组织感染、雌性动物生殖道感染和盆腔感染及腹腔感染等，后两种病可根据情况单用本品或与其他抗菌药联合使用，此外对青霉素过敏或不宜使用青霉素的动物可用本品做替代药物。

【不良反应】

1. 胃肠道反应：恶心、呕吐、腹痛等症状，严重者有腹绞痛、腹部压痛、严重腹泻（水样或脓血样），伴发热、异常口渴和疲乏（假膜性肠炎），腹泻、肠炎和假膜性肠炎可发生在用药初期，也可发生在停药后数周。

2. 血液系统：偶可发生白细胞减少、中性粒细胞降低、中性粒细胞缺乏和血小板减少，再生障碍性贫血罕见。

3. 过敏反应：可见皮疹、瘙痒等，偶见荨麻疹、血管神经性水肿和血清病反应等，罕有表皮脱落、大疱疹皮炎、多形红斑和S-J综合征的报道。

4. 偶见黄疸。

5. 快速滴注本品可能发生低血压、心电图变化甚至心跳、呼吸停止。静脉给药可引起血栓性静脉炎。

【禁忌证】 对林可霉素和克林霉素有过敏史动物禁用。

【注意事项】

1. 对本品过敏时有可能对克林霉素类也过敏。

2. 对诊断的干扰：服药后血清丙氨酸氨基转移酶（ALT）和门冬氨酸氨基转移酶（AST）可有增高。

3. 下列情况慎用：① 肠道疾病或有既往史动物，特别如溃疡性结肠炎、局限性肠炎或抗菌药双关肠炎（本品可引起伪膜性肠炎）。② 肝功能减退。③ 肾功能严重减退。

4. 用药期间需密切注意大便次数，如出现排便次数增多，应注意假膜性肠炎的可能，需及时停药并作适当处理。

5. 为防止急性风湿热的发生，用本类药物治疗溶血性链球菌感染时的疗程，至少为10 d。

6. 既往有哮喘或其他过敏史动物慎用。

7. 疗程长动物，需定期检测肝、肾功能和血常规。

8. 妊娠及哺乳期动物慎用，幼龄及老龄动物慎用。

【规格】 2 mL：0.6 g

【用法与用量】 皮下、肌内注射，或静脉滴注，每千克体重20 mg，一日2次，连用3~5 d。

盐酸克林霉素注射液
Clindamycin Hydrochloride Injection

【适应证】 本品适用于链球菌属，葡萄球菌属及厌氧菌（包括脆弱拟杆菌，产气荚膜杆菌，放线菌等）所致的中、重度感染，如吸入性肺炎，脓胸，肺脓肿，骨髓炎，腹腔感染，盆腔感染及败血症等。

【不良反应】

1. 不良反应有胃肠道反应：常见呕吐、腹泻、腹痛，严重者腹绞痛，伴口渴、发热、伪膜性肠炎。腹泻，肠炎和假膜性肠炎可发生在用药初期，也可发生在停药后数周。

2. 血液系统：偶可发生白细胞减少，中性粒细胞减少，嗜酸性粒细胞增多和血小板减少等；罕见再生障碍性贫血。

3. 过敏反应：可见皮疹，瘙痒等，偶见荨麻疹，血管神经性水肿和血清病反应等，罕见剥脱性皮炎，大疱性皮炎，多形性红斑和Steven-Johnson综合征。

4. 肝、肾功能异常，如血清氨基转移酶升高，黄疸等。

5. 静脉滴注可能引起静脉炎；肌内注射局部可能出现疼痛，硬结和无菌性脓肿。

6. 其他：耳鸣，眩晕，念珠菌感染等。

【禁忌证】对本品中任何成分和克林霉素类过敏动物禁用。本品与氯霉素或红霉素之间呈颉颃作用，不可合用。

【注意事项】

1. 下列情况应慎用：① 胃肠道疾病或有既往史动物，特别是患溃疡性结肠炎，局限性肠炎或抗生素相关肠炎（本品可引起假膜性肠炎）。② 肝功能减退。③ 肾功能严重减退。④ 有哮喘或其他过敏史动物。

2. 对本品过敏时有可能对其他克林霉素类也过敏。

3. 对实验室检查指标的干扰：服药后血清丙氨酸氨基转移酶和门冬氨酸氨基转移酶可有增高。

4. 用药期间需密切注意大便次数，如出现排便次数增多，应注意假膜性肠炎的可能，需及时停药并作适当处理。

5. 为防止急性风湿热的发生，用本品治疗溶血性链球菌感染时，疗程至少为10 d。

6. 本品偶尔会导致不敏感微生物的过度繁殖或引起二重感染，一旦发生二重感染，应立即停药并采取相应措施。

7. 疗程长动物，需定期检测肝，肾功能和血常规。

8. 严重肝、肾功能减退，伴严重代谢异常动物，采用高剂量时需进行血药浓度监测。

9. 本品不能透过血脑脊液屏障，故不能用于脑膜炎。

10. 使用本品期间，如出现任何不良事件或不良反应，请咨询宠物医生。

11. 妊娠及泌乳期动物慎用。

【规格】2 mL：0.3 g

【用法与用量】皮下、肌内注射，或静脉滴注，每千克体重5 mg，一日2~3次。

克林霉素磷酸酯注射液
Clindamycin Phosphate Injection

【适应证】用于革兰阳性菌及厌氧菌引起的下列各种感染性疾病：① 化脓性中耳炎、鼻窦炎、急、慢性支气管炎、肺炎、肺脓肿和支气管扩张合并感染。② 皮肤和软组织感染。③ 泌尿系统感染。④ 骨髓炎、败血症、腹膜炎和口腔感染等。

【药理作用】该品为化学半合成的克林霉素衍生物，它在体外无抗菌活性，进入机体后迅速水解为克林霉素而显示其药理活性。故抗菌谱、抗菌活性及治疗效果与克林霉素相同，但它的脂溶性及渗透性比克林霉素好，可肌内注射和静脉滴注给药。

【不良反应】【禁忌证】【注意事项】同盐酸克林霉素注射液。

【规格】2 mL：0.3 g

【用法与用量】皮下、肌内注射，或静脉滴注，每千克体重10 mg，一日2次。

第二部分

合成抗菌药

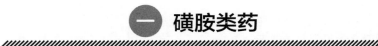 磺胺类药

磺胺嘧啶钠注射液
Sulfadiazine Sodium Injection

【适应证】磺胺类药，用于链球菌、葡萄球菌、沙门菌、巴氏杆菌、肺炎球菌、李氏杆菌和弓形虫感染。临床主要用于流脑，为治疗流脑的首选药，也可治疗上述敏感菌所致其他感染。也用于诺卡氏菌病。

【药理作用】磺胺类药物为广谱抑菌剂。其作用机制为在结构上类似对氨基苯甲酸（PABA），可与PABA竞争性作用于细菌体内的二氢叶酸合成酶，从而阻止PABA作为原料合成细菌所需的叶酸，减少具有代谢活性的四氢叶酸的量，而后者则是细菌合成嘌呤、胸腺嘧啶核苷酸和脱氧核糖核酸（DNA）的必需物质，因此抑制了细菌的生长繁殖。

【禁忌证】对磺胺，噻唑或者磺酰脲类药物过敏的动物。严重的肝脏、肾脏损伤动物。

【注意事项】肝脏、肾功能衰退，尿石症或尿路阻塞动物慎用。

【规格】10 mL：1 g

【用法与用量】肌内注射或静脉滴注，每千克体重50~100 mg，一日1~2次，连用3~5 d。

增效联磺片
Synergic Sulfonamides Tablets

【主要成分】磺胺甲基异恶唑（SM），磺胺嘧啶（SD），甲氧苄氨嘧啶（TMP）。

【适应证】1. 呼吸道感染如咽炎、扁桃体炎、急性支气管炎、慢性支气管炎急性发作、细菌性肺炎。2. 肠道感染如肠炎、痢疾、伤寒、副伤寒。3. 急慢性泌尿系统感染如肾盂肾炎、膀胱炎。4. 各种原因引起上的败血症、骨髓炎、蜂窝组织炎及化脓性感染。

【不良反应】

1. 胃肠道不适，偶见肝炎或伪膜性肠炎。

2. 与避孕药（雌激素类）长时间合用可导致避孕的可靠性减少，并增加发情期外出血的机会。

3. 与肝毒性药物合用时，可能引起肝毒性发生率的增高。对此类动物尤其是用药时间较长及以往有肝病动物应监测肝功能。

4. 接受本品治疗者对维生素K的需要量增加。

5. 本品不宜与下列药品合用：骨髓抑制药、口服抗凝药、口服降血糖药、甲氨蝶呤、苯妥英钠和硫喷妥钠、尿碱化药、对氨基苯甲酸、溶栓药物、乌洛托品、磺吡酮、华法林、环孢素、利福平、抗肿瘤药、2，4—二氨基嘧啶类药物、叶酸颉颃药、氨苯砜、青霉素类药物。

6. 本品可取代保泰松的血浆蛋白结合部位，当两者同用时可增强保泰松的作用。

【规格】0.2 g

【用法与用量】口服，每千克体重5~10 mg，一日2次，宜餐后服用。

磺胺间甲氧嘧啶片
Sulfamonomethoxine Tablets

【主要成分】磺胺间甲氧嘧啶，阿奇霉素，增效剂。

【适应证】预防和治疗犬、猫弓形虫病，也用于敏感菌所致的泌尿生殖道感染、肠道感染和皮肤软组织感染。

【药理作用】磺胺间甲氧嘧啶是体内外抗菌作用最强的磺胺药，主要通过抑制叶酸的合成从而抑制弓形虫的生长繁殖，对犬、猫弓形虫有很好的疗效。本品口服后吸收良好，血中浓度高，易透过血脑屏障，有效血药浓度维持时间长，乙酰化率低，不易发生结晶尿。

【不良反应】

1. 过敏反应较为常见。

2. 中性粒细胞减少或缺乏症、血小板减少症及再生障碍性贫血。溶血性贫血及血红蛋白尿。高胆红素血症和新生动物黄疸。

3. 肝脏损害。可发生黄疸、肝功能减退，严重者可发生急性肝坏死。

4. 肾脏损害。由于本品在尿中溶解度较高（游离型和乙酰化物），故结晶尿与血尿少见，有动物发生间质性肾炎或肾小管坏死等严重不良反应。

5. 恶心、呕吐、胃纳减退、腹泻、头痛、乏力等，一般症状轻微，不影响继续用药，偶有动物发生艰难梭菌肠炎，此时需停药。

6. 甲状腺肿大及功能减退偶有发生。

7. 中枢神经系统毒性反应偶可发生，表现为精神错乱、定向力障碍、幻觉、欣快感或抑郁感，一旦出现均需立即停药。

8. 磺胺药所致的严重不良反应虽少见，但可致命，如渗出性多形红斑、剥脱性皮炎、大疱表皮松解萎缩性皮炎、暴发性肝坏死、粒细胞缺乏症、再生障碍性贫血等血液系统异常。治疗时应严密观察，当皮疹或其他反应的早期征兆出现时即应立即停药。

9. 剂量过大、用药时间过长可能引起中毒，主要表现泌尿系统损伤。采用口服碳酸氢钠并多加饮水，加速药物的代谢。

【禁忌证】

1. 对磺胺类药物过敏动物禁用。

2. 由于本品阻止叶酸的代谢，加重巨幼红细胞性贫血动物叶酸盐的缺乏，故该病动物禁用本品。

3. 潜在的致畸作用，哺乳期动物禁用本品。

4. 严重肝肾损伤动物禁用。

【注意事项】

1. 治疗时首次剂量加倍，要有足够的剂量和疗程，但连续用药不能超过7 d，如需继续治疗，请遵医嘱。如应用本品疗程长、剂量大，宜同服碳酸氢钠并多给动物饮水，以防止结晶尿。

2. 本品忌与酸性药物如维生素C、氯化钙、青霉素等配伍。

3. 失水、休克、老龄患宠、对磺胺类药物过敏和肝肾功能损害动物应慎用或避免使用本品。

4. 本品与口服抗凝药、口服降血糖药、苯妥英钠和硫喷妥钠等药物同用时，可使这些药物的作用时间延长或引发毒性，因此在同用或在应用本品之后使用时需调整其剂量。

5. 谨防爱宠偷食。

【规格】0.5 g

【用法与用量】口服，每千克体重1片，一日1次，连用5 d，首次剂量加倍，同时对症治疗。

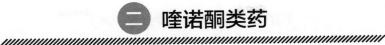

二 喹诺酮类药

恩诺沙星片（拜有利风味片）
Enrofloxacin Tablets (Baytril® Falvor Tablet)

【适应证】用于治疗由革兰阴性菌、革兰阳性菌及支原体等敏感菌引起的犬、猫泌尿生殖道、消化道、和皮肤及伤口感染和犬的呼吸道感染。

【药理作用】不同于传统药物的抑菌作用，拜有利直接进入细菌的细胞核内，通过阻断DNA的合成而发挥迅速而又彻底的杀菌作用。

【不良反应】偶发胃肠道功能紊乱。

【禁忌证】幼龄犬、猫禁止使用，此药可能导致髋关节发育不良或者股骨头坏死。

【注意事项】

1. 勿用于12月龄前的犬或未发育成熟的犬及软骨损伤动物。

2. 禁用于妊娠及哺乳期动物。

3. 癫痫动物慎用。

4. 肾功能不良动物慎用，易引发结晶尿。

5. 本品耐药菌株呈增多趋势，不应在亚治疗剂量下长期使用。

6. 超推荐剂量使用，猫会出现包括失明在内的视网膜毒性效应。

【规格】（1）15 mg （2）50 mg

【用法与用量】口服，每千克体重5 mg，一日1次，连用5~10 d。

恩诺沙星注射液（拜有利注射液）
Enrofloxacin Injection (Baytril® Solution for Injection)

【适应证】【药理作用】【不良反应】【禁忌证】【注意事项】同拜有利片。

【规格】100 mL：5 g

【用法与用量】皮下或肌内注射，每千克体重5 mg，一日1次。严重感染时剂量可加倍。

恩诺沙星注射液（恩得健注射液）
Enrofloxacin Injection

【适应证】【药理作用】【不良反应】【禁忌证】【注意事项】同拜有利。

【规格】2 mL：50 mg

【用法与用量】皮下或肌内注射，每千克体重5 mg，一日1次。严重感染时剂量可加倍。

环丙沙星片
Ciprofloxacin Tablets

【适应证】泌尿生殖道、呼吸道、胃肠道、骨和关节、皮肤和软组织感染、伤寒、败血症等全身感染。

【不良反应】胃肠道反应较常见。中枢神经系统反应可有嗜睡。过敏反应：皮疹、皮肤瘙痒等。

【禁忌证】对本品及喹诺酮类药过敏动物禁用。

【规格】250 mg

【用法与用量】口服，每千克体重5~8 mg，一日1次。严重感染时剂量可加倍。

诺氟沙星胶囊
Norfloxacin Capsules

【适应证】为广谱杀菌药，但其杀菌活性为氟喹诺酮类中较弱的。对其敏感菌包括大肠杆菌、沙门菌、巴氏杆菌、克雷伯氏菌、绿脓杆菌。对金黄色葡萄球菌的作用比庆大霉素强，对支原体也有一定的抑制作用。用于敏感菌引起的犬、猫的消化道、呼吸道、泌尿道感染和支原体病的治疗。外用可治疗皮肤、软组织、创伤及眼部的敏感菌感染。

【药理作用】通过作用于细菌DNA螺旋酶的A亚U，抑制DNA的合成和复制而导致细菌死亡。

【不良反应】

1. 胃肠道反应较为常见，可表现为腹部不适或疼痛、腹泻、恶心或呕吐。

2. 中枢神经系统反应可有头昏、头痛、嗜睡或失眠。

3. 过敏反应：偶有皮疹、皮肤瘙痒，偶可发生渗出性多性红斑及血管神经性水肿。少数动物有光敏反应。

4. 偶可发生：① 癫痫发作、精神异常、烦躁不安、意识障碍、幻觉、震颤。② 血尿、发热、皮疹等间质性肾炎表现。③ 静脉炎。④ 结晶尿，多见于高剂量应用时。⑤ 关节疼痛。少数动物可发生血清氨基转移酶升高、血清尿素氮增高及周围血象白细胞降低，多属轻度，并呈一过性。

【禁忌证】对本品及喹诺酮类药过敏动物禁用。

【规格】100 mg

【用法与用量】口服，每千克体重10 mg，一日2次。严重感染时剂量可加倍。

盐酸洛美沙星注射液（普美康注射液）
Lomefloxacin Hydrochloride Injection

【适应证】用于治疗敏感菌引起的下列感染：① 呼吸道感染：细菌性气管炎、支气管炎、肺炎。② 泌尿生殖道感染：细菌性膀胱炎、肾炎、尿道炎、前列腺炎及子宫蓄脓。③ 胃肠道细菌感染。④ 脏器及皮肤和软组织感染。⑤ 败血症等全身感染。⑥ 其他感染：细菌性中耳炎、眼炎。

【药理作用】喹诺酮类广谱抗菌药。对革兰阴性菌、革兰阳性菌及部分厌氧菌均显示强力的杀菌活性。对耐甲氧西林的金黄色葡萄球菌、耐氨苄西林的流感杆菌及吡哌酸的大肠杆菌及对其他药物耐药的细菌，本药抗菌效力优良。动物感染模型体内抗菌效力试验表明，本品优于诺氟沙星、恩诺沙星。

【注意事项】避免同时服用茶碱、含镁或氢氧化镁制剂。服药后，避免在强光下照射。

【规格】2 mL：50 mg。

【用法与用量】肌内注射，每千克体重3~5 mg，一日2次。

麻佛沙星（马波沙星）
Marbofloxacin

【适应证】用于治疗犬的深部及浅表皮肤感染、尿路感染，猫的皮肤及软组织感染、急性上呼吸道感染。用于敏感菌所致的犬、猫的呼吸道、消化道、泌尿道及皮肤等感染。亦预防手术后感染。

【药理作用】兽用氟喹诺酮类抗菌药物。与其他氟喹诺酮类药物一样，通过抑制细菌的DNA转录酶从而抑制细菌的生长，对革兰阴性菌、革兰阳性菌和支原体均有抗菌作用。麻佛沙星通过口服和注射给药均能够吸收良好，毒副作用较低。

【不良反应】通常仅限于胃肠道反应：呕吐、食欲减退、软粪和腹泻以及活动减少。在猫可引起视觉毒性。

【禁忌证】和其他喹诺酮类药一样，麻佛沙星禁用于8月龄以下的中、小型饲养动物，12月龄以下的大型饲养动物，18月龄以下的巨型饲养动物以及12月龄以下的猫。喹诺酮类药物也禁用于对其有过敏反应的动物。

【规格】（1）5 mg （2）20 mg （3）80 mg （4）100 mL：2 g

【用法与用量】口服，每千克体重2 mg，一日1次。皮下、肌内注射，或静脉滴注，每千克体重0.1 mL，一日1次。

氧氟沙星氯化钠注射液（奥复星注射液）
Ofloxacin and Sodium Chloride Injection

【适应证】用于敏感菌引起的：① 泌尿生殖道感染，包括单纯性、复杂性尿路感染、细菌性前列腺炎、淋病奈瑟菌尿道炎或宫颈炎（包括产β-内酰胺酶株所致）。② 呼吸道感染，包括敏感革兰阴性杆菌所致支气管感染急性发作及肺感染。③ 胃肠道感染，由志贺菌属、沙门菌属、产肠毒素大肠杆菌、亲水气单胞菌、副溶血弧菌等所致。④ 伤寒、骨和关节感染、皮肤和软组织感染、败血症等全身感染。

【注意事项】

1. 由于目前大肠杆菌对氟喹诺酮类药物耐药者多见，应在给药前留取尿培养标本，参考细菌药敏结果调整用药。

2. 本品大剂量应用或尿pH在7以上时可发生结晶尿。为避免结晶尿的发生，宜多饮水，保持24 h排足够尿量。

3. 肾功能减退动物，需根据肾功能调整给药剂量。

4. 应用本品时应避免过度暴露于阳光，如发生光敏反应需停药。

5. 肝功能减退时，如属重度（肝硬化腹水）可减少药物清除，血药浓度增高，肝、肾功能均减退的动物尤为明显，均需权衡利弊后应用，并调整剂量。

6. 原有中枢神经系统疾动物，例如癫痫及癫痫病史动物均应避免应用，有指征时需仔细权衡利弊后应用。

【规格】 100 mL：0.2 g

【用法与用量】 肌内注射或静脉滴注，每千克体重3~5 mg，一日2次，连用3~5 d。

甲磺酸左氧氟沙星注射液
Levofloxacin Mesylate Injection

【适应证】 用于敏感菌所致的下列中、重度感染：① 呼吸道系统感染：急性支气管炎、慢性支气管炎急性发作、弥漫性细支气管炎、支气管扩张合并感染、肺炎。② 泌尿系统感染：肾盂肾炎、复杂性尿路感染等。③ 生殖系统感染：急性前列腺炎、急性附睾炎、子宫内膜炎、宫颈炎、子宫附件炎、盆腔炎。④ 皮肤软组织感染：传染性脓疱病、蜂窝组织炎、淋巴管（结）炎、皮下肿胀、肛周脓肿等。⑤ 胃肠道感染：志贺菌属、沙门菌属、产肠毒素大肠杆菌、亲水气单胞菌、副溶血弧菌等所致。⑥ 其他感染：乳腺炎、外伤、烧伤及术后伤口感染、腹腔感染（必要时合用甲硝唑）、胆囊炎、胆管炎、骨与关节感染以及五官科感染等。⑦ 败血症的治疗。

【不良反应】

1. 胃肠道反应较为常见，可表现为：恶心、呕吐、腹部不适、腹泻、食欲不振、腹痛、腹胀等症状。

2. 中枢神经系统反应可有头昏、头痛、嗜睡或失眠。

3. 过敏反应：皮疹、皮肤瘙痒，偶见渗出性多形红斑及血管神经性水肿。少数动物有光敏反应。

4. 偶可发生：① 癫痫发作、精神异常、烦躁不安、意识混乱、幻觉、震颤。② 血尿、发热、皮疹等间质性肾炎表现。③ 注射部位发红、发痒或静脉炎。④ 结晶尿，多见于高剂量应用时。⑤ 关节疼痛。

5. 少数动物可出现一过性肝功能异常，如血清氨基转移酶、血清总胆红素增加、血清尿素氮增高及周围血象白细胞降低等，多数轻度。

【禁忌证】对喹诺酮类药物过敏动物、妊娠期或哺乳期动物、幼龄动物禁用。

【规格】100 mL：0.2 g

【用法与用量】静脉滴注，每千克体重2 mL，一日2次。

左氧氟沙星注射液
Levofloxacin Injection

【适应证】同氧氟沙星氯化钠注射液。

【规格】100 mL：0.2 g

【用法与用量】静脉滴注，每千克体重3~5 mg，一日2~3次。

盐酸莫西沙星片（拜复乐片）
Moxifloxacin Hydrochloride Tablets

【适应证】治疗患有上呼吸道和下呼吸道感染的成年动物。如急性窦炎、慢性支气管炎急性发作、社区获得性肺炎以及皮肤和软组织感染。

【药理作用】

1. 莫西沙星在体外显示出对革兰阳性菌、革兰阴性菌、厌氧菌、抗酸菌、支原体、衣原体和军团菌有广谱抗菌活性。抗菌作用机制为干扰Ⅱ、Ⅳ拓扑异构酶。拓扑异构酶是控制DNA拓扑和在 DNA复制、修复和转录中的关键酶。其杀菌曲线表明，莫西沙星是具有浓度依赖性的杀菌活性。最低杀菌浓度和最低抑菌浓度基本一致。莫西沙星对

β-内酰胺类和大环内酯类抗菌药耐药的细菌亦有效。

2. 耐药导致对青霉素类、头孢菌素类、糖肽类、大环内酯类和四环素类耐药的耐药机制不影响莫西沙星的抗菌活性。莫西沙星和这些抗菌药无交叉耐药性。至今未发现质粒介导的耐药性的出现。莫西沙星的8-甲氧基部分与8-氢部分相比具有对革兰阳性菌高活性和耐药突变的低选择性。7位的二氮杂环取代能阻止活性流出，该活性流出为氟喹诺酮耐药机制。体外试验显示经过多步变异才能缓慢的出现对莫西沙星的耐药性。总之其耐药率很低。一些对其他喹诺酮类耐药的革兰阳性菌和厌氧菌对莫西沙星亦敏感。

【不良反应】霉菌性二次感染、头痛、头晕、低钾血症动物心电图QT时间延长、恶心、呕吐、腹泻、皮肤黏膜反应以及精神病学反应等。

【禁忌证】

1. 已知对莫西沙星或其他喹诺酮类，或任何辅料过敏动物禁用。

2. 妊娠期或哺乳期动物禁用，幼龄动物禁用。

3. 肝功能严重损伤（Child Pugh C级）的动物和转氨酶升高的动物禁用。

【规格】0.4 g

【用法与用量】口服，每千克体重5 mg，一日1次。

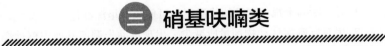

三 硝基呋喃类

呋喃妥因肠溶片
Nitrofurantoin Enteric-coated Tablets

【适应证】用于敏感菌如大肠杆菌、肺炎杆菌、产气杆菌、变形杆菌所致的尿路感染，预防尿路感染。该品的抗菌活性不受脓液及组织分解产物的影响，在酸性尿中的活性较强。

【不良反应】较常见的有恶心、呕吐、偶有过敏反应，如红斑、皮疹、药物热及气喘等。可引起溶血性贫血、黄疸和周围神经炎。

【规格】50 mg

【用法与用量】口服，每千克体重5 mg，一日2~3次。

硝基咪唑类

甲硝唑片（灭滴灵片、肤多乐片）
Metronidazole Tablets

【适应证】用于治疗肠道和肠外阿米巴病（如阿米巴肝脓肿、胸膜阿米巴病等），以及阴道滴虫病、小袋虫病和皮肤利什曼病、麦地那龙线虫感染等。目前还广泛用于厌氧菌感染的治疗。

【不良反应】以消化道反应最为常见，包括恶心、呕吐、食欲不振、腹部绞痛，一般不影响治疗。神经系统症状由头痛、眩晕，偶有感觉异常、肢体麻木、共济失调、多发性神经炎等，大剂量可致抽搐。少数病例发生荨麻、潮红、瘙痒、膀胱炎、排尿困难、口中金属味及白细胞减少等，均属可逆性，停药后自行恢复。

【禁忌证】有活动性中枢神经系统疾病和血液动物禁用。妊娠及哺乳期动物禁用。

【注意事项】

1. 对诊断的干扰：本品的代谢产物可使尿液呈深红色。

2. 患有肝脏疾病动物剂量应减少。出现运动失调或其他中枢神经系统症状时应停药。重复一个疗程之前，应做白细胞计数。厌氧菌感染且肾衰竭动物，给药间隔时间应由8 h延长至12 h。

3. 本品可抑制酒精代谢，用药期间应戒酒，饮酒后可能出现腹痛、呕吐、头痛等症状。

【规格】0.2 g

【用法与用量】口服，每千克体重15~20 mg，一日2次。

甲硝唑注射液
Metronidazole Injection

【**适应证**】【**不良反应**】【**禁忌证**】同甲硝唑片。

【**注意事项**】同甲硝唑片，但本品一般使用7~10 d，使用时不宜与其他药物同瓶输注。

【**规格**】100 mL：0.5 g

【**用法与用量**】皮下、肌内注射，或静脉滴注，每千克体重15~20 mg，一日2次。

第三部分

抗真菌药

复方盐酸特比萘芬片（犬、猫真菌灭）
Compound Terbinafine Hydrochloride Tablets

【主要成分】盐酸特比萘芬，维生素B_2。

【适应证】用于治疗犬小孢子菌等的真菌感染，也可用于治疗马拉色菌和念珠菌等引起的犬、猫皮肤真菌病和内脏真菌病。

【药理作用】盐酸特比萘芬是一种具有广谱抗真菌活性的丙烯胺类药物。本品能特异性地干扰真菌固醇的早期生物合成，高选择性抑制真菌的麦角鲨烯环氧化物酶，使真菌细胞膜现成过程中麦角鲨烯环氧化反应受阻，从而达到杀灭或者抑制真菌的作用。维生素B_2是细胞生长必不可缺的一类物质，它具有加速患部皮肤组织细胞再生的作用。口服给药时，皮肤、毛发和甲中的药物浓度均可达到杀真菌活性的水平。

【不良反应】最常见的有胃肠道症状（胀满感、食欲不振、恶心、轻度腹痛及腹泻）或轻型的皮肤反应。

【注意事项】

1. 仅用于宠物犬、猫。

2. 用药2周后，建议检测肝功。

3. 明显肝肾功能不良的患病动物不推荐使用。

4. 4月龄以下犬、猫，妊娠期或泌乳期动物禁用。

【规格】（1）20 mg （2）100 mg

【用法与用量】口服，每千克体重10 mg，一日1次，连用14~30 d，或遵医嘱。

盐酸特比萘芬片（兰美抒片）
Terbinafine Hydrochloride Tablets

【适应证】由皮肤癣菌如毛癣菌（红色毛癣菌、须毛癣菌、疣状毛癣菌、断发毛癣菌、紫色毛癣菌）、犬小孢子菌和絮状表皮癣菌引起的皮肤、毛发真菌感染。

【药理作用】同复方盐酸特比萘芬片。

【不良反应】常见为胃肠道症状（胀满感、食物降低、消化不良、恶心、轻微腹痛腹泻），轻微的皮肤反应（皮疹、荨麻疹），骨骼肌反应（关节痛、肌痛）。

【注意事项】本品在有或没有肝病病史的动物中均可能产生肝毒性，不推荐将特比萘芬用于急慢性肝病动物，若动物出现肝功能不全的症状，应停止特比萘芬治疗。在肾功能受损的动物应当服用正常剂量的一半。

【规格】250 mg

【用法与用量】口服，每千克体重5~10 mg，一日1次。

伊曲康唑胶囊（斯皮仁诺胶囊）
Itraconazole Capsules

【主要成分】伊曲康唑。

【适应证】① 外阴阴道念珠菌病。② 花斑癣皮肤真菌病、真菌性角膜炎和口腔念珠菌病，由皮肤癣菌或 / 和酵母菌引起的甲真菌病。③ 系统性真菌感染、系统性曲霉病及念珠菌病隐球菌病（包括隐球菌性脑膜炎）、组织胞浆菌病、孢子丝菌病、副球孢子菌病、芽生菌病和其他各种少见的系统性或热带真菌病。

【药理作用】伊曲康唑是三唑类衍生物，药物治疗学分类：J02AC02（系统性抗真菌药，三唑类衍生物）。伊曲康唑可以破坏真菌细胞膜中麦角甾醇的合成。麦角甾醇是真菌细胞膜的重要组成部分，干扰它的合成将最终产生抗真菌作用，具有广谱抗真菌活性。体外试验研究结果显示伊曲康唑在常规浓度范围（0.025 μg/mL至0.8 μg/mL）内可抑制多种致病真菌的生长，包括：皮肤癣菌（毛癣菌属、小孢子菌属、絮状表皮癣菌）、酵母菌（念珠菌属包括白念珠菌、光滑念珠菌和克柔念珠菌，新生隐球菌，马拉色菌属，毛孢子菌属，地霉属）、曲霉属、组织胞浆菌属、巴西副球孢子菌、申克孢子丝菌、着色霉属、枝孢霉属、皮炎芽生菌、波氏假性阿利什霉、马内菲青霉以及其他多种酵母菌和真菌。克柔念珠菌、光滑念珠菌和热带念珠菌通常为敏感性最低的念珠菌株。在体外试验中，个别试验显示其对伊曲康唑产生明显耐药性。不被伊曲康唑抑制的主要真菌有接合菌纲（根霉属、根毛霉属、毛霉菌属和犁头霉属）、镰刀菌属、赛多孢子菌属和帚霉属。

【不良反应】常见胃肠道不适，如厌食、恶心、腹痛和便秘。较少见的副作用包括头痛、可逆性氨基转移酶升高、头晕和过敏反应（如瘙痒、红斑、风团和血管性水肿）。

【禁忌证】

1. 对本品过敏动物禁用。

2. 4月龄以下犬、猫慎用。

3. 禁用于妊娠动物及泌乳期动物。

4. 除治疗危及生命或严重感染的病例，禁用于有或曾有充血性心力衰竭（CHF）病史的心室功能障碍的动物。

5. 禁止与以下药物合用：① 可引起心电图QT间期延长的CYP3A4代谢底物，例如：阿司咪唑、苄普地尔、西沙必利、多非利特、左美沙酮、咪唑斯汀、匹莫齐特、奎尼丁、舍吲哚、特非那丁。上述药物与本品合用时，可能会使这些底物的血浆浓度升高，导致心电图QT间期延长及尖端扭转型室速的罕见发生。② 经CYP3A4代谢的HMG-CoA还原酶抑制剂，如洛伐他汀和辛伐他汀。③ 三唑仑和口服咪达唑仑。④ 麦角生物碱，如双氢麦角胺、麦角新碱、麦角胺、甲麦角新碱。⑤ 尼索地平。

【规格】0.1 g

【用法与用量】口服，每千克体重5 mg，一日1次。

酮康唑片
Ketoconazole Tablets

【适应证】系统性真菌感染。由皮肤癣菌或/和酵母菌引起的皮肤、毛发、甲的感染，当局部治疗无效或由于感染部位、面积及深度等原因不宜外用治疗时。胃肠道酵母菌感染。局部治疗无效的慢性、复发性阴道念珠菌病。尚可用于预防防疫机能降低而易发生机会性真菌感染的动物。

【药理作用】酮康唑为咪唑类广谱抗真菌药，作用于真菌细胞膜，改变其通透性，对多种皮肤癣菌（如毛癣菌属、小孢子菌属、表皮癣菌属等常见致病真菌等）、酵母菌和白色念珠菌等均有较强的抗菌作用，且不易产生耐药性。

【**禁忌证**】对酮康唑过敏动物。患急慢性肝病的动物。禁止与经CYP3A4酶代谢的药物、多潘立酮、三唑仑和口服咪达唑仑、麦角生物碱、尼索地平、依普利酮合用。

【**注意事项**】由于酮康唑有发生严重肝毒性的危险，所以只有在考虑过其他有效的真菌治疗后，且本品的潜在利益大于潜在危害时，方可使用本品。治疗期间也应进行定期检查，监测由肝毒性引起的首发体征和症状。

【**规格**】0.2 g

【**用法与用量**】口服，每千克体重5~10 mg，一日1次。

第四部分

抗病毒药

阿昔洛韦片
Aciclovir Tablets

【适应证】本品用于治疗猫的疱疹病毒病。

【规格】0.1 g

【用法和剂量】仅限猫用。口服，每千克体重5~10 mg。

抗病毒口服液
Kang Bingdu Oral Solution

【主要成分】本品为中药。主要成分包括：板蓝根，芦根，郁金，石菖蒲，连翘，石膏，地黄，知母，广藿香。

【适应证】清热祛湿，凉血解毒。用于风热感冒，流感，呼吸道感染、结膜炎、腮腺炎等。

【规格】10 mL

【用法与用量】口服，每20 kg体重10 mL，一日2~3次。

第五部分

消毒防腐药

一 酚类

苯酚溶液（石炭酸溶液）
Phenol Solution (Carbolic Acid Solution)

【适应证】2%~5%苯酚溶液用于器具、手术器械的消毒。

【不良反应】

1. 苯酚对皮肤、黏膜有强烈的腐蚀作用，可抑制中枢神经或损害肝、肾功能。

2. 急性中毒：吸入高浓度蒸气可致头痛、头晕、乏力、视物模糊、肺水肿等。

3. 误服引起消化道灼伤，出现烧灼痛，呼出气带酚味，呕吐物或大便可带血液，有胃肠穿孔的可能，可出现休克、肺水肿、肝或肾损害，出现急性肾衰竭，可死于呼吸衰竭。

4. 眼接触可致灼伤。

5. 可经灼伤皮肤吸收经一定潜伏期后引起急性肾衰竭。

6. 慢性中毒：可引起头痛、头晕、咳嗽、食欲减退、恶心、呕吐，严重者引起蛋白尿。

7. 可致皮炎。

【注意事项】防止皮肤和眼睛接触。万一接触眼睛，立即使用大量清水冲洗并送医诊治。接触皮肤之后，立即使用大量皂液洗涤。

【用法与用量】0.1%~1%苯酚溶液有抑菌作用；2%~5%溶液有杀灭细菌和真菌作用。碱性环境、脂类、皂类等能减弱其杀菌作用。一般配成2%~5%苯酚溶液，用于器具、手术器械的消毒。

甲酚皂溶液（来苏儿溶液）
Saponated Cresol Solution

【适应证】用于手、器械、环境消毒及处理排泄物。

【药理作用】煤酚皂液的杀菌能力与苯酚相似，其石碳酸系数随成分与菌种的不同而异，为1.6～5。含0.3%～0.6%本品溶液10 min能使大部分致病菌死亡，杀灭芽孢需要较高浓度和较长时间。本消毒剂中主要杀菌成分为甲酚，三种异构体的杀菌作用相似，其石碳酸系数介于2.0～2.7，人口服8 g会很快死亡。

【不良反应】本品对皮肤有一定刺激作用和腐蚀作用。

【注意事项】防止皮肤和眼睛接触。万一接触眼睛，立即使用大量清水冲洗并送医诊治。接触皮肤之后，立即使用大量皂液洗涤。

【规格】甲酚皂溶液含甲酚50%

【用法与用量】用其水溶液浸泡，喷洒或擦抹污染物体表面，使用浓度为1%~5%，作用时间为30~60 min。对结晶核杆菌使用5%浓度，作用1~2 h。为加强杀菌作用，可加热药液至40~50℃。对皮肤的消毒浓度为1%~2%。消毒敷料、器械及处理排泄物用5%~10%水溶液。

二 醛类

甲醛溶液
Formaldehyde Solution

【主要成分】本品为甲醛的水溶液，含甲醛（CH_2O）不得少于36%。本品中含10%~12%的甲醇，以防聚合。40%甲醛溶液通称福尔马林。

【适应证】用于房屋、家具、器械的消毒，固定生物标本、保存尸体与防腐等。

【药理作用】为强有力的消毒剂。甲醛能与蛋白质中的氨基结合，使蛋白变性而有杀菌作用，并有硬化组织的作用。对细菌、芽孢与病毒均有杀灭作用。

【不良反应】本品对皮肤有一定刺激作用和腐蚀作用。

【注意事项】对皮肤黏膜刺激性极大，切忌内服，大量吸收中毒后，出现中枢神经系统症状，最后可因中枢抑制而死亡。防止皮肤和眼睛接触。万一接触眼睛，立即使用大量清水冲洗并送医诊治。接触皮肤之后，立即使用大量皂液洗涤。用法中所列百分浓度，均按CH_2O

计算。

【**用法与用量**】一般消毒：2% ~ 5%甲醛溶液。房屋消毒：每立方米用本品15 ~ 20 mL加等量水，加热蒸发挥散。保存尸体与生物标本：4%甲醛溶液。

三 醇类

乙醇
Ethanol (Alcohol)

【**适应证**】75%的水溶液用于皮肤消毒，亦可用作溶媒。

【**药理作用**】乙醇是目前临床上使用最广泛，也是较好的一种皮肤消毒药。但对细菌芽孢无效，乙醇对黏膜的刺激性大，不能用于黏膜和创面抗感染。

【**用法与用量**】75%溶液用于手、皮肤、体温计、注射针头和小件医疗器械等消毒。

四 卤素类

碘甘油
Iodine Glycerol

【**主要成分**】本品每毫升含主要成分碘10 mg，辅料为碘化钾、甘油和水。

【**适应证**】用于口腔黏膜溃疡、牙龈炎及冠周炎。

【**药理作用**】本品为消毒防腐剂，其作用机制是使菌体蛋白质变性、死亡，对细菌、真菌、病毒均有杀灭作用。

【**不良反应**】偶见过敏反应和皮炎。

【注意事项】

1. 新生动物慎用。

2. 本品仅供口腔局部使用。如误服中毒，应立即用淀粉糊或米汤灌胃，并送医院救治。

3. 用药部位如有烧灼感、瘙痒、红肿等情况应停药，并将局部药物洗净，必要时向医师咨询。

4. 如果连续使用5 d无效，应咨询医师。

5. 对本品过敏动物禁用，过敏体质动物慎用。

6. 本品性状发生改变时禁用。

7. 请将本品放在儿童不能触及处。

8. 如正在使用其他药品，使用本品前请咨询医师或药师。

【规格】1%

【用法与用量】外用，用棉签蘸取少量本品涂于患处，一日2~4次。

聚维酮碘乳膏
Povidone Iodine Cream

【适应证】用于化脓性皮炎、皮肤真菌感染、小面积轻度烧烫伤，也用于小面积皮肤、黏膜创口的消毒。

【药理作用】本品为消毒防腐剂，对多种细菌、芽孢、真菌、病毒等有杀灭作用。其作用机制是本品接触创面或患处后，能解聚释放处所含碘发挥杀菌作用。特点是对组织刺激性小，用于皮肤、黏膜感染。

【不良反应】极个别病例用药时创面黏膜局部有轻微短暂刺激，片刻后即自行消失，无需特别处理。

【禁忌证】妊娠及哺乳期动物禁用。

【注意事项】

1. 避免接触眼睛和其他黏膜（如口、鼻等）。

2. 用药部位如有烧灼感、红肿等情况应停药，并将局部药物洗净，必要时向医师咨询。

3. 对本品过敏动物禁用，过敏体质动物慎用。

4. 本品性状发生改变时禁用。

5. 请将本品放在儿童不能触及处。

6. 如正在使用其他药品，使用本品前请咨询医师或药师。

【规格】10%

【用法与用量】外用，取适量涂于患处。

碘伏
Povidone-Iodine

【主要成分】单质碘与聚乙烯吡咯烷酮。

【适应证】碘伏具有广谱杀菌作用，可杀灭细菌繁殖体、真菌、原虫和部分病毒。在医疗上用作杀菌消毒剂，可用于皮肤、黏膜的消毒，也可处理烫伤、治疗滴虫性阴道炎、霉菌性阴道炎、皮肤霉菌感染等。也可用于手术前和皮肤的消毒、各种注射部位皮肤消毒、器械浸泡消毒以及阴道手术前消毒等。

【注意事项】

1. 本品为外用消毒剂，不得口服。

2. 请将本品放在儿童不能触及处。

3. 本品对金属有腐蚀作用，不能用于金属制品的消毒。

4. 避免与红汞等颉颃药物同用。

5. 对碘过敏动物慎用。

6. 避光、置于阴凉处保存。

【用法与用量】医用碘伏常见的浓度是1%，用于皮肤的消毒治疗可直接涂擦；稀释两倍可用于口腔炎漱口；2%的碘伏可用于术前消毒。

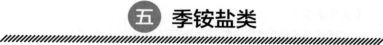

五 季铵盐类

苯扎溴铵溶液（新洁尔灭）
Benzalkonium Bromide Solution

【主要成分】本品每100 mL含苯扎溴铵5 g。

【适应证】用于皮肤、黏膜和小面积伤口的消毒。

【不良反应】偶见过敏反应。

【禁忌证】尚不明确。

【注意事项】

1. 本品为外用消毒防腐药，切忌内服。

2. 不得用塑料或铝制容器贮存。

3. 低温时可能出现混浊或沉淀，可置于温水中加温，振摇使溶后使用。

4. 用药部位如有烧灼感、瘙痒、红肿等情况应停药，并将局部药物洗净，必要时向医师咨询。

5. 对本品过敏动物禁用，过敏体质动物慎用。

6. 本品性状发生改变时禁止使用。

7. 如正在使用其他药品，使用本品前请咨询医师或药师。

【规格】5%

【用法与用量】外用，使用前应稀释，即配即用。0.1%溶液用于手臂、术部皮肤、器械等消毒。创面黏膜消毒用0.01%溶液。稀释方法：0.1%溶液：取本品1份，加纯化水或清水50份；0.01%溶液：取本品1份，加纯化水或清水500份。

醋酸氯己定溶液（洗必泰）
Chlorhexidine Acetate Solution

【适应证】适用于皮肤及黏膜的消毒；创面感染、阴道感染和子宫颈糜烂的冲洗。

【不良反应】偶可引起接触性皮炎。

【禁忌证】对本品过敏动物禁用。

【注意事项】皮肤及黏膜出现过敏反应，应立即停药。

【规格】50 mL：0.05%

【用法与用量】可直接用0.05%溶液对局部皮肤及黏膜消毒。创面及阴道冲洗。一次1~2支，一日1~2次，或遵医嘱。

六　氧化剂

过氧化氢消毒液
Hydrogen Peroxide Solution

【适应证】用于物体表面的消毒。

【药理作用】本品是以过氧化氢为主要有效成分的消毒液，过氧化氢含量为3.0%~3.3%（W/V），可杀灭肠道致病菌、化脓性球菌和致病性酵母菌。

【注意事项】

1. 外用消毒药，不得口服。置于儿童不宜触及处。

2. 本品对金属有腐蚀作用，慎用。

3. 避免与碱性及还原性物质混合。

4. 避光、避热，置于室温下保存。

5. 有效期为24个月。

【规格】100 mL

【用法与用量】用原液喷洒、擦拭或浸泡物体表面，作用20 min，不得口服。

高锰酸钾外用片
Potassium Permanganate Tablets for External Use

【主要成分】本品每片含高锰酸钾0.1 g，辅料为硼酸、羟丙基纤维素。

【适应证】用于急性皮炎或急性湿疹，特别是伴继发感染的湿敷，清洗小面积溃疡。

【不良反应】高浓度反复多次使用可引起腐蚀性灼伤。

【注意事项】

1. 本品仅供外用，切忌口服。

2. 本品水溶液易变质，故应临用前用温水配制，并立即使用。

3. 配制时不可用手直接接触本品，以免被腐蚀或染色，切勿将本品误入眼中。

4. 应严格按用法与用量使用，如浓度过高可损伤皮肤和黏膜。

5. 长期使用，易使皮肤着色，停用后可逐渐消失。

6. 用药部位如有灼烧感、红肿等情况，应停止用药，并将局部药物洗净，必要时向医师咨询。

7. 对本品过敏动物禁用，过敏体质动物慎用。

8. 本品性状发生改变时禁止使用。

9. 如正在使用其他药品，使用本品前请咨询医师或药师。

【规格】0.1 g

【用法与用量】用于急性皮炎和急性湿疹时，临用前配制成1∶4 000溶液（取1片加水400 mL），用消毒药棉或纱布润湿后敷于患处，渗出液多时，可直接将患处浸入溶液中药浴。用于清洗小面积溃疡时，临用前配制成1∶1 000溶液（取1片加水100 mL），用消毒药棉或棉签蘸取后清洗。

七　酸类

硼酸
Boric acid

【适应证】消毒防腐药，用于皮肤创伤、溃疡等。

【不良反应】偶有轻微刺激。

【注意事项】

1. 用药部位如有烧灼感、瘙痒、红肿等情况应停药，并将局部药物洗净，必要时向医师咨询。

2. 对该药品过敏动物禁用，过敏体质动物慎用。

3. 该药品性状发生改变时禁止使用。

4. 如正在使用其他药品，使用该药品前请咨询医师或药师。

【用法与用量】2%~4%溶液冲洗眼或黏膜。硼酸软膏，硼酸甘油，硼酸磺胺粉治疗皮肤创伤、溃疡等。

八 碱类

氢氧化钠
Sodium hydroxide

【**适应证**】配成2%~4%溶液，用于多种病毒和细菌的消毒灭菌、灭虫卵。

【**注意事项**】本品有强烈刺激和腐蚀性。粉尘或烟雾刺激眼和呼吸道，腐蚀鼻中隔；皮肤和眼直接接触可引起灼伤；误服可造成消化道灼伤，黏膜糜烂、出血和休克。

【**用法与用量**】2%~4% 溶液喷洒，用于环境消毒。

九 其他

氧化锌软膏
Zinc Oxide Ointment

【**主要成分**】本品每瓶含氧化锌3 g（500 g装含氧化锌75 g），辅料为黄凡士林。

【**适应证**】用于皮炎，湿疹，及轻度、小面积的皮肤溃疡。

【**不良反应**】偶见过敏反应。

【**禁忌证**】尚不明确。

【**注意事项**】

1. 避免接触眼睛和其他黏膜（如口、鼻等）。

2. 用药部位如有烧灼感、红肿等情况应停药，并将局部药物洗净，必要时向医师咨询。

3. 对本品过敏动物禁用，过敏体质动物慎用。

4. 本品性状发生改变时禁止使用。

5. 如正在使用其他药品，使用本品前请咨询医师或药师。

【规格】20 g：3 g

【用法与用量】外用，一日2次，涂搽患处。

鱼石脂软膏
Ichthammol Ointment

【主要成分】本品每1 g含主要成分鱼石脂0.1 g。

【适应证】用于皮肤疖肿。

【不良反应】偶见皮肤刺激和过敏反应。

【禁忌证】尚不明确。

【注意事项】

1. 不得用于皮肤破溃处。

2. 避免接触眼睛和其他黏膜（如口、鼻等）。

3. 连续使用一般不超过7 d，如症状不缓解，请咨询医师。

4. 用药部位如有烧灼感、红肿等情况应停药，并将局部药物洗净，必要时向医师咨询。

5. 对本品过敏动物禁用，过敏体质动物慎用。

6. 本品性状发生改变时禁止使用。

7. 如正在使用其他药品，使用本品前请咨询医师或药师。

【规格】10 g：1 g（10%）

【用法与用量】直接涂抹患处。

杜邦卫可
DuPont Virkon®

【适应证】用于动物舍、空气和饮用水等的消毒。

【规格】1 kg

【用法与用量】浸泡、喷雾。

1. 动物舍环境、饮水设备及空气消毒时以1：200浓度稀释。

2. 终末消毒、设备消毒、孵化场消毒、脚踏盆消毒时以1：200浓度稀释。

3. 饮用水消毒以1：1 000浓度稀释。

4. 对于特定病原体：大肠杆菌：1：400，金黄色葡萄球菌：1：400，链球菌：1：800，禽流感：1：1 600，口蹄疫：1：1 000，猪水泡病为1：400，法氏囊1：400。

第六部分

抗寄生虫药

一 抗体外寄生虫药

二氯苯醚菊酯-吡虫啉滴剂（拜宠爽滴剂）
Permethrin and Imidacloprid Spot-On Solution (Advantix®)

【**主要成分**】二氯苯醚菊酯，吡虫啉。

【**适应证**】用于预防和治疗犬体表蚤、蜱、虱的寄生，抵抗蚊子的叮咬，并可用作辅助治疗因蚤引起的过敏性皮炎。

【**不良反应**】极少引发犬只副作用，可能会引起一过性皮肤过敏。

【**禁忌证**】本品禁止用于猫。

【**注意事项**】妊娠及哺乳期的犬亦可使用本品。使用后的犬在洗浴、游泳和淋雨后仍能保持药效。仅用于犬，7周龄以下的幼犬请勿使用。勿让幼龄动物接触。吸入有害，勿吸入蒸气。易燃，勿在高温或明火处使用或贮藏本品。使用后请清洗双手。人如果误食本品，请勿立即诱吐，立即就医。对水生动物有长期持续性的毒性，勿将本品投入水中。

【**规格**】（1）0.4 mL （2）1.0 mL （3）2.5 mL （4）4.0 mL

【**用法与用量**】仅限犬用。仅供皮肤外用。用药时犬应保持容易使用本品的姿势，分开犬毛至看到皮肤，将滴管前端抵住皮肤，适当挤出药液到皮肤上，最后用毛覆盖用药部位。预防或治疗期间，每月使用1次，可维持至少1个月有效。按不同规格用量，详见下表：

犬体重	规格	使用方法
≤4 kg	0.4 mL	取1支滴于犬背部肩胛骨之间
4~10 kg	1.0 mL	取1支滴于犬背部肩胛骨之间
10~25 kg	2.5 mL	取1支滴于犬背部肩胛骨中间、后背臀部中间、和前两点连线中间分两点，分四点给药。
25~50 kg	4.0 mL	取1支滴于犬背部肩胛骨中间、后背臀部中间、和前两点连线中间分两点，分四点给药。
≥50 kg	4.0 mL	取2支滴于犬背部肩胛骨中间、后背臀部中间、和前两点连线中间分两点，分四点给药。

塞拉菌素滴剂（大宠爱滴剂）
Selamectin Solution (Revolution®)

【适应证】犬、猫外用杀寄生虫药。预防和治疗蚤、虱等体外寄生虫的寄生，控制蚤、虱过敏性皮炎。预防犬恶丝虫引起的心丝虫病。亦可治疗和预防耳螨、犬疥螨、犬蜱、猫肠道钩虫和蛔虫（猫弓首蛔虫）等体内、外寄生虫感染。

【注意事项】用于6周龄以上的犬、8周龄以上猫，宠物毛发尚湿时用药会降低药效。

【规格】猫用：① 15 mg （2）45 mg （3）60 mg
　　　　犬用：① 15 mg （2）30 mg （3）60 mg （4）120 mg
　　　　　　　（5）240 mg （6）360 mg

【用法与用量】外用，滴于皮肤，每月1次。按不同规格用量，详见下表：

体重（kg）	规格（mg/支）	效能（mg/mL）	体积（mL）
≤2.3	15	60	0.25
2.3~6.8	45	60	0.75
6.8~10.0	60	60	1.0

体重（kg）	规格（mg/支）	效能（mg/mL）	体积（mL）
≤2.3	15	60	0.25
2.3~4.5	30	120	0.25
4.5~9.1	60	120	0.5
9.1~18.1	120	120	1.0
18.1~38.6	240	120	2.0
38.6~60.0	360	120	3.0

复方非泼罗尼喷剂（福来恩喷剂）
Compound Fipronil Spray

【主要成分】非泼罗尼，甲氧普烯。

【适应证】犬、猫外用杀寄生虫药。预防和控制蚤、虱、犬蜱等体外寄生虫的寄生。本品含赋形剂，喷雾后能形成膜层，使毛发光泽亮丽。

【药理作用】该药能与昆虫中枢神经细胞膜上的γ-氨基丁酸（GABA）受体结合，关闭神经细胞的氯离子通道，从而干扰中枢神经系统的正常功能而导致昆虫死亡。

【注意事项】使用前后2 d不能用洗毛精给动物洗澡。喷雾后动物应远离火源至少30 min。

【规格】（1）100 mL∶0.25 g　（2）250 mL∶0.625 g

【用法与用量】外用，每千克体重1 mL，每月1次。

犬用复方非泼罗尼滴剂（福来恩滴剂）
Compound Fipronil Spot-on Solution for Dogs

【主要成分】非泼罗尼，甲氧普烯。

【适应证】犬外用抗寄生虫药。预防和治疗蚤、虱、蜱等体外寄生虫的寄生。

【注意事项】舔食药液的犬会出现短时流涎，主要是药物载体中含酒精成分所致。

【规格】0.67 mL

【用法与用量】8周龄以上犬外用，滴于皮肤，犬体重10 kg以下，一次量1支（0.67 mL）；10~20 kg，一次量2支（1.34 mL）；20~40 kg，一次量4支（2.68 mL）。每月使用1次。

猫用复方非泼罗尼滴剂（福来恩滴剂）
Compound Fipronil Spot-on Solution for Cats

【主要成分】非泼罗尼，甲氧普烯。

【适应证】猫外用抗寄生虫药。预防和治疗蚤、虱等体外寄生虫的寄生。

【注意事项】舔食药液的猫会出现短时流涎，主要是药物载体中酒精成分所致。

【规格】0.5 mL

【用法与用量】仅限猫用。8周龄以上猫外用，一次量0.5 mL。每月使用1次。

犬用心疥爽滴剂
Advocate Spot-on Solution for Dogs

【适应证】治疗与预防体内、外寄生虫感染，包括：跳蚤、耳疥虫、疥癣虫、毛囊虫、预防心丝虫感染症（第三、四期仔虫）及治疗消化道内线虫感染症（犬蛔虫、犬钩虫及狭头钩虫之第四期仔虫、未成熟成虫及成虫、犬小蛔虫与犬鞭虫之成虫）。也可用作跳蚤过敏证辅助治疗。

【规格】（1）0.4 mL（<4 kg犬用）（2）1 mL（4~10 kg犬用）（3）2.5 mL（10~25 kg犬用）（4）4 mL（25~40 kg犬用）

【用法与用量】仅限犬用。皮肤外用滴剂，犬根据体重选择不同的规格，洗完澡吹干毛发后，滴于颈部背面、肩胛骨中间的皮肤，每月使用1次，一次1管。

猫用心疥爽滴剂
Advocate Spot-on Solution for Cats

【适应证】治疗与预防体内、外寄生虫感染，包括：跳蚤、耳疥虫、疥癣虫、毛囊虫、预防心丝虫感染症（第三、四期仔虫）及治疗消化道内线虫感染症（猫蛔虫、猫钩虫之第四期仔虫、未成熟成虫及成虫）。也可用作跳蚤过敏证辅助治疗。

【规格】（1）0.4 mL（<4 kg猫用）（2）0.8 mL（4~8 kg猫用）

【用法与用量】仅限猫用。皮肤外用滴剂，猫根据体重选择不同的规格，洗完澡吹干毛发后，滴于颈部背面、肩胛骨中间的皮肤，每月使用1次，一次1管。

二 抗体内寄生虫药

复方非班太尔片（拜宠清片）
Compound Febantel Tablets (Drontal Plus Flavor Tablets)

【主要成分】非班太尔，吡喹酮和双羟萘酸噻吩嘧啶。

【适应证】用于治疗犬的线虫和绦虫感染。如犬弓首蛔虫、犬狮蛔虫、犬窄头钩虫犬钩口线虫、毛首线虫，棘球绦虫、带绦虫、复孔绦虫等。

【不良反应】正常使用，本品无不良反应，超剂量使用时，犬偶见呕吐。

【注意事项】

1. 本品仅用于宠物犬，勿与哌嗪类药物同时使用。

2. 妊娠犬可用，须严格按照推荐剂量使用。

3. 勿让儿童接触本品。

4. 工作人员，投药后应洗手。药片使用后的剩余部分勿留用。

【规格】0.66 g

【用法与用量】仅限犬用。口服，犬一次量按每千克体重，非班太尔15 mg、吡喹酮5 mg、双羟萘酸噻嘧啶14.4 mg。相当于每10 kg体重使用本品1片，详见下表：

幼犬及小型犬		中型犬		大型犬	
体重（kg）	剂量（片）	体重（kg）	剂量（片）	体重（kg）	剂量（片）
0.5~2	1/4	11~15	1.5	31~35	3.5
3~5	1/2	16~20	2	36~40	4
6~10	1	21~25	2.5		
		26~30	3		

可直接吞服或包于肉或食物中给药。无需禁食。用于控制犬弓首蛔虫时，哺乳犬应在产后2周投药，且每2周给药1次至断奶。幼犬也应在2周龄时给药，且每2周给药1次至12周龄。随后每3个月给药1次。

猫宠清片
Drontal Cat Tablets

【主要成分】吡喹酮和双羟萘酸噻吩嘧啶。

【适应证】猫专用驱体内寄生虫药。可驱除处于任何发展阶段的线虫和绦虫。

【药理作用】其主要成分吡喹酮、吡维胺、双羟萘酸噻吩嘧啶是通过麻痹寄生虫的神经，破坏寄生虫新陈代谢导致寄生虫死亡，并随动物的尿液和粪便被自然排出体外，对哺乳动物（热血动物）无毒性的药品。

【规格】每片含20 mg吡喹酮，230 mg双羟萘酸噻吩嘧啶

【用法与用量】仅限猫用。口服，此药需空腹服用。6~12周幼猫，1/4片。2 kg以下成年猫，1/2片。2~4 kg成年猫，1片。4~8 kg成年猫，1.5片。8 kg以上成年猫，2粒片。幼猫第6、第8、第12周各服一次，之后每3个月服用一次。成猫每3个月服用一次。怀孕母猫分娩前10 d，哺乳期结束后第2和第4周各服用一次。

硝硫氰酯片（汽巴片）
Oral broad-spectrum anthelminthic Tablets for Dogs (Lopatol Tablets)

【适应证】广谱驱虫药，能一次性驱除包括钩虫、鞭虫、蛔虫、血吸虫及绦虫等在内的十三种体内寄生虫。

【注意事项】服用前无需禁食，仅用于犬。

【规格】（1）100 mg　（2）500 mg（以硝硫氰酯计）

【用法与用量】口服，可将该药连同少量犬粮同服，大约8 h后再让动物正常进食。一般早晨服用，其间让患犬多饮水。汽巴100：按体重1~2 kg，1片。3~4 kg，2片。5~6 kg，3片。汽巴500：按体重7~10 kg，1片。10~20 kg，2片。20~30 kg，3片。30~40 kg，4片。

1. 出生到三个月：每2周服食一次。

2. 三个月到一岁：每2个月服食一次。

3. 一岁以上：每3至4个月服食一次。

4. 繁殖母犬：交配后，分娩前及分娩后1个月各服一次。

复方氯硝柳胺片（至虫清片）
Compound Niclosamide Tablets

【主要成分】氯硝柳胺，盐酸左旋咪唑。

【适应证】用于治疗犬、猫的绦虫、蛔虫、胃肠道线虫和心丝虫感染。如犬复孔绦虫、豆状带绦虫、泡状带绦虫、犬弓首蛔虫、犬狮

首蛔虫、犬窄头钩虫、犬钩口线虫、毛首线虫、血吸虫、肺吸虫、犬心丝虫等。

【注意事项】对于幼龄及老龄犬、猫，建议将一次剂量分成两次给药，早晚各一次。妊娠犬、猫可用，但须严格按照推荐剂量使用。

【规格】每片含200 mg氯硝柳胺，10 mg盐酸左旋咪唑

【用法与用量】口服，犬、猫每2 kg体重1片。驱虫周期：2~12周幼犬、猫每2周驱虫1次。12周以上幼犬、猫每3个月驱虫1次。成年犬、猫每3个月驱虫1次。妊娠犬、猫，怀孕20 d后每隔14 d驱虫1次，哺乳期每隔3~4周给药1次。

左旋咪唑片
Levamisole Tablets

【适应证】用于蛔虫、钩虫、蛲虫等感染，对丝虫病亦有一定疗效。还可用于免疫功能缺陷或低下动物改善其免疫功能，调控细胞免疫，恢复中性粒细胞、巨噬细胞和T细胞的功能。

【药理作用】兴奋敏感蠕虫的副交感和交感神经节，总的表现为烟碱样作用。高浓度时，左旋咪唑通过阻断延胡索酸还原和琥珀酸氧化作用，干扰线虫的糖代谢，最终对蠕虫起麻痹作用，使活虫体排出。

【不良反应】不良反应偶有恶心、呕吐、腹痛、头晕、头痛、发热、流感样症候群、皮疹、光敏性皮炎等。停药后能自行缓解。

【禁忌证】肝肾功能不全、肝炎活动期、妊娠早期、原有血吸虫病动物禁用。

【注意事项】泌乳期动物禁用，在动物极度衰弱或有明显的肝肾损伤时，应慎用或推迟使用。本品中毒时可用阿托品解毒和其他对症治疗。

【规格】25 mg

【用法与用量】

犬用：每千克体重10 mg，一日1次，连续用药1~2周。

猫用：每千克体重5~10 mg，一日1次，连续用药1周。

丙硫苯咪唑片
Albendazole Tablets

【适应证】对危害动物的各种蠕虫有杀灭作用，驱虫范围含线虫、吸虫、绦虫等各种蠕虫。

【规格】50 mg

【用法与用量】口服，每千克体重25~50 mg，一日2次，连用7~14 d。

吡喹酮片
Praziquantel Tablets

【适应证】用于治疗血吸虫、肺吸虫、华枝睾吸虫及绦虫感染。

【药理作用】使寄生虫肌内系统痉挛性收缩和合胞体皮层迅速形成空泡，虫体死亡并被吞噬，本品对血吸虫可能还具有5-羟色胺样作用，引起虫体痉挛性麻痹。

【不良反应】口服后可引起厌食、呕吐或腹泻，但发生率小于5%，猫的不良反应很少见。

【注意事项】不推荐将吡喹酮用于4周龄以内的幼犬和6周龄以内的幼猫。

【规格】200 mg

【用法与用量】口服，每10 kg体重1片，每月使用1次。

犬复方吡喹酮片（犬内虫清片）
Canine Compound Praziquantel Tablets

【主要成分】吡喹酮，双羟萘酸酚嘧啶，双羟萘酸噻嘧啶。

【适应证】用于治疗犬的绦虫、线虫及鞭虫感染。如犬棘球囊绦虫、犬带绦虫、犬复孔绦虫、犬毛首线虫、犬钩口线虫、窄头钩虫、犬弓首蛔虫、犬狮蛔虫、胃蠕虫等体内寄生虫感染。

【不良反应】过量使用偶见犬呕吐、腹泻、乏力等症状，一般程度较轻，持续时间较短，不影响治疗，不需处理。

【注意事项】仅用于宠物犬。妊娠期母犬可用，建议严格按照推荐剂量使用。药片使用后剩余部分请勿留用。

【用法与用量】仅限犬用。口服，每10 kg体重1片，大型犬每40 kg不超过4片，可直接吞服或包于肉或食物中给药，不须禁食，一次给药即可。幼犬2周龄可驱虫，第一次驱虫结束1个月后建议再驱一次，防止第一次有虫卵没有驱干净，之后可以3个月或者半年驱一次，视情况而定。妊娠期母犬：交配前或幼犬出生前使用。哺乳期母犬：产后2周开始使用，每2周一次直至断奶。成年犬例行驱虫：每3个月1次。常吃生肉的犬建议每个月驱一次。用于控制犬弓首蛔虫时，对于线虫感染严重的犬，应在首次投药14 d后重复给药1次。

犬复方阿巴丁片（犬体虫清片）
Canine Compound Abamectin Tablets

【主要成分】吡喹酮，阿巴丁。

【适应证】用于治疗犬体内常见的绦虫，线虫感染以及体外寄生虫（虱子，跳蚤，蜱，螨虫等）感染。尤其用于同时患有体内外寄生虫感染的患犬。

【不良反应】过量使用可引起犬唾液分泌过多、瞳孔散大、步态障碍等症状。

【注意事项】

1. 仅用于犬。

2. 本药含有阿维菌素，不得用于喜乐蒂、古牧等考利犬种。

3. 本药不得用于怀孕犬和2月龄以下的幼犬。

4. 药片使用后剩余部分请勿留用。

【用法与用量】口服，犬每10 kg体重1片，可直接吞服或混于食物中给药，体重超40 kg的犬一次用量，不要超过4片。对于体外寄生虫感染，严重病例可在1个月后重复用药一次。

猫复方阿巴丁片（猫体虫清片）
Feline Compound Abamectin Tablets

【主要成分】吡喹酮，阿巴丁。

【适应证】用于治疗猫体内常见的绦虫，线虫感染以及体外寄生虫（虱子，跳蚤，蜱，螨虫等）感染。尤其用于同时患有体内外寄生虫感染的患犬。

【不良反应】过量使用可引起猫唾液分泌过多、瞳孔散大、步态障碍等症状。

【注意事项】

1. 仅用于猫。

2. 药片使用后剩余部分请勿留用。

【用法与用量】口服，可直接吞服或混于食物中给药，治疗体内寄生虫感染，每2.5 kg体重1片，寄生虫感染严重病例可在7~10 d后重复用药一次。

敌百虫片
Metrifonate Tablets

【适应证】用于驱除动物胃肠道线虫和外寄生虫，如蜱、螨、蚤和虱等，此外对某些吸虫如姜片吸虫、血吸虫等有一定效果。

【药理作用】与虫体的胆碱酯酶相结合，抑制胆碱酯酶的活性，使乙酰胆碱大量蓄积，干扰虫体的神经肌内的兴奋传递，导致敏感寄生虫麻痹死亡。

【不良反应】安全范围较窄，治疗量可使动物出现轻度副交感神经兴奋反应，过量使用可出现中毒症状，主要表现为流涎、腹痛、缩瞳、呼吸困难、腹大肌痉挛、昏迷直至死亡。

【注意事项】禁与碱性药物并用，怀孕动物及心脏病、胃肠炎的动物禁用，中毒时用阿托品与解磷定等解救。

【规格】0.3 g

【用法与用量】口服，每千克体重75 mg，隔三、四日1次，连用3次。

注射用三氮脒（血虫净注射液）
Dimeinazene Acieturate for Injection

【适应证】三氮脒属于芳香双脒类，是传统使用的广谱抗血液原虫药，如对动物巴贝斯梨形虫、锥虫及边虫（无浆体）均有治疗作用，但预防效果较差。

【药理作用】选择性阻断锥虫动基体的DNA合成或复制，且与细胞核产生不可逆性结合，从而使锥虫的动基体消失，并不能分裂繁殖。对犬巴贝斯虫和吉氏巴贝斯虫引起的临床症状均有明显的消除作用，但不能完全使虫体消失。

【注意事项】本品毒性大、安全范围小。局部肌内注射有刺激性，可引起肿胀，应分点深层肌内注射。

【规格】100 mg

【用法与用量】肌内注射，每千克体重3.5 mg，用药1次。严格控制剂量，防止中毒。

妥曲珠利溶液（百球清溶液）
Toltrazuril Solution

【适应证】用于治疗宠物的球虫病。

【药理作用】干扰球虫细胞核分裂和线粒体，影响虫体的呼吸和代谢功能，并能使细胞内质网膨大，发生严重空泡化，从而使球虫死亡。

【注意事项】药液溅到眼或皮肤，应及时冲洗。

【规格】100 mL : 2.5 g

【用法与用量】口服，5 kg体重以下一次0.2 mL，体重每增加2 kg，增加0.1 mL。

伊维菌素注射液（净灭，害获灭，伊能净注射液）
Ivermectin Injection

【适应证】用于治疗动物的胃肠道线虫病，牛皮蝇蛆，羊鼻蝇蛆，羊痒螨和猪疥螨病等寄生虫病。还可用于预防犬心丝虫感染，对犬多种体内寄生虫具有良好的驱虫效果，对控制犬、猫的某些体外寄生虫如耳螨、疥螨、姬螯螨、蠕形螨的感染也有效。

【不良反应】动物给与大剂量后可出现嗜睡、运动失调、瞳孔放大、震颤等反应，剂量过大时可致死亡。杀微丝蚴时，犬可发生休克样反应，可能与死亡的微丝蚴有关。

【注意事项】

1. 仅限于皮下注射，因肌内注射、静脉注射易引起中毒反应。

2. 柯利牧羊犬对本品敏感，0.1 mg/kg以上剂量即出现严重不良反应，慎用。

3. 泌乳期禁用。

【规格】1 mL：10 mg

【用法与用量】皮下注射，每千克体重0.05~0.1 mg（大型成年犬可适当减量），一周1次。

多拉菌素注射液（通灭注射液）
Doramectin Injection

【适应证】用于治疗胃肠道线虫病，螨病等寄生虫病。

【药理作用】多拉菌素是由阿维链霉菌新菌株发酵产生的广谱抗寄生虫药，对体内外寄生虫特别是某些线虫（圆虫）类和节肢动物类具有良好的驱杀作用，但对绦虫，吸虫及原生动物无效。本品主要在于加强虫体的抑制性递质γ氨基丁酸的释放，从而阻断神经信号的传递，使肌内细胞失去收缩能力，而导致虫体死亡。哺乳动物的外周神经递质为乙酰胆碱，不会受到多拉菌素的影响，多拉菌素不易透过血脑屏障，对动物有很高的安全系数。

【注意事项】

1. 使用本品时操作人员不应进食或吸烟，操作后要洗手。

2. 在阳光照射下本品迅速分解灭活，应避光保存。

3. 其残存药物对鱼类及水生生物有毒，应注意保护水资源。

4. 考利犬使用本品有一定风险，请询问兽医，权衡利弊后使用。

【规格】（1）50 mL：500 mg（50万U）（2）1 mL：10 mg（1万U）

【用法与用量】肌内或皮下注射，每千克体重0.1 mL（大型成年犬可适当减量），一周1次。

磺胺间甲氧嘧啶片
Sulfamonomethoxine Tablets

【主要成分】磺胺间甲氧嘧啶，阿奇霉素，增效剂。

【适应证】预防和治疗犬、猫弓形虫病，也用于敏感菌所致的泌尿生殖道感染、肠道感染和皮肤软组织感染。

【药理作用】【不良反应】【禁忌证】【注意事项】参见第二部分合成抗菌药磺胺类药。

【规格】0.5 g

【用法与用量】口服，每10 kg体重1片，一日1次，连用5 d，首次剂量加倍，同时对症治疗。

甲硝唑片（灭滴灵片）
Metronidazole Tablets

【适应证】用于治疗肠道和肠外阿米巴病（如阿米巴肝脓肿、胸膜阿米巴病等），以及阴道滴虫病、小袋虫病和皮肤利什曼病、麦地那龙线虫感染等。目前还广泛用于厌氧菌感染的治疗。

【不良反应】【禁忌证】【注意事项】参见第二部分合成抗菌药硝基咪唑类甲硝唑片。

【规格】0.2 g

【用法与用量】口服，每千克体重20 mg，一日2次。

第七部分

中枢神经
系统用药

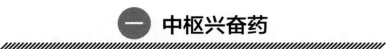

一　中枢兴奋药

苯甲酸钠咖啡因注射液（安钠咖注射液）
Caffeine and Sodium Benzoate Injection

【适应证】中枢兴奋药。具强心和利尿作用，用于精神抑制状态、心力衰弱、呼吸抑制及麻醉药中毒之解救等。

【不良反应】剂量过大可引起反射亢进、肌肉抽搐乃至惊厥。

【注意事项】本品寒冷时有晶体析出，可加温溶解后使用。中毒时，可用溴化物、水合氯醛或巴比妥类药物对抗兴奋症状。

【规格】（1）1 mL：0.25 g　（2）2 mL：0.5 g

【用法与用量】皮下、肌内注射，或静脉滴注，一次0.1~0.3 g，重症4~6 h重复1次。

尼可刹米注射液
Nikethamide Injection

【适应证】临床主要用于疾病或中枢抑制药中毒引起的呼吸及循环衰竭。对肺心病引起的呼吸衰竭及吗啡过量引起的呼吸抑制疗效显著，对吸入麻醉药中毒时的解救效果次之。

【药理作用】对延髓呼吸中枢具有选择性直接兴奋作用，也可作用于颈动脉窦和主动脉体化学感受器，反射性兴奋呼吸中枢，提高呼吸中枢对缺氧的敏感性，使呼吸加深加快。对大脑皮层、血管运动中枢和脊髓有较弱的兴奋作用。对其他器官无直接兴奋作用。

【不良反应】少见。用量过大时出现血压升高、心悸、出汗、呕吐、震颤及阵挛性惊厥等，惊厥时可用短效巴比妥类药（硫喷妥钠）控制。

【注意事项】本品静脉滴注速度不宜过快，出现惊厥应及时静脉注射苯二氮䓬类药物或小剂量硫喷妥钠，兴奋作用之后，常出现中枢神经抑制现象。

【规格】（1）1.5 mL : 0.375 mg （2）2 mL : 0.5 mg

【用法与用量】皮下、肌内注射，或静脉滴注，每千克体重7~30 mg，重症2 h重复1次。

硝酸士的宁注射液
Strychnine Nitrate Injection

【适应证】本品对脊髓有选择性兴奋作用，对大脑皮层也有一定的兴奋作用。用于巴比妥类中毒、瘫痪、弱视。

【药理作用】本品对脊髓有选择性兴奋作用，对大脑皮层也有一定兴奋作用，本品安全范围窄，过量易产生惊厥。起效快，迅速在肝内代谢，仅约20%的原型药从尿中排出。有蓄积作用。

【不良反应】本品毒性大、安全范围小，过量易出现肌肉震颤、脊髓兴奋性惊厥、角弓反张，甚至死亡。

【禁忌证】高血压、动脉硬化、肝肾功能不全、癫痫、毒性甲状腺肿、破伤风、吗啡中毒脊髓处于兴奋状态动物禁用。妊娠期和哺乳期禁用。

【注意事项】

1. 肝肾功能不全、癫痫、破伤风、怀孕动物等病理禁用。

2. 本品排泄缓慢，有蓄积作用，不宜长时间使用。

【规格】1 mL : 2 mg

【用法与用量】皮下注射，每千克体重0.1~0.3 mg。

胞磷胆碱钠注射液
Citicoline Sodium Injection

【适应证】中枢兴奋药。用于急性颅脑外伤和脑手术术后意识障碍。

【药理作用】脑功能改善药。本品能促进卵磷脂的生物合成，增加脑血流量及氧消耗量，改善脑循环和代谢，对大脑和中枢神经系统受到多种外伤所产生的脑组织代谢障碍和意识障碍有促进苏醒的作用。

【不良反应】一过性低血压、恶心、皮疹、头晕、头痛、惊厥、失眠、倦怠感。脑出血急性期不宜大剂量应用。若用时应经常更换注射部位。

【规格】2 mL：250 mg

【用法与用量】静脉滴注或肌内注射，每千克体重25 mg，一日2~4次。

盐酸洛贝林注射液
Lobeline Hydrochloride Injection

【适应证】呼吸兴奋药。临床主要用于窒息、一氧化碳中毒引起的窒息、吸入麻醉药及其他中枢抑制剂（如阿片、巴比妥类）的中毒，以及肺炎等传染病引起的呼吸衰竭。

【药理作用】可刺激颈动脉窦和主动脉体化学感受器（均为N1受体），反射性地兴奋呼吸中枢而使呼吸加快，但对呼吸中枢并无直接兴奋作用。对迷走神经中枢和血管运动中枢也同时有反射性的兴奋作用。对植物神经节先兴奋而后阻断。

【不良反应】大剂量能引起心动过速、传导阻滞及呼吸抑制，甚至可引起惊厥。

【规格】1 mL：3 mg

【用法与用量】静脉注射或肌内注射，一次1~3 mg。

苏醒灵（陆醒宁3号注射液）
Spiritual Awakening Injection (Luxingning Injection 3)

【适应证】为 α_2 受体阻断剂。主要用于麻保静、静松灵、保定宁、846合剂、特制眠乃宁等麻醉动物的催醒或过量时的颃颅解救。

【规格】2 mL

【用法与用量】皮下或肌内注射，每千克体重0.05~0.1 mL。本品与速眠新的用量比为1：1.5（V/V），与静松灵、保定宁、麻保静的用量比为1：1（V/V），与眠乃宁的用量比为1.5：1~2：1。

 镇静药和抗惊厥药

盐酸氯丙嗪注射液
Chlopromazine Hydrochloride Injection

【适应证】本品对兴奋躁动、幻觉妄想、思维障碍及行动紊乱等阳性症状有较好的疗效，用于精神分裂症、躁狂症或其他精神病性障碍。止呕，针对各种原因所致的呕吐或顽固性呃逆有较好疗效。

【药理作用】本品为吩噻嗪类抗精神病药，其作用机制主要与其阻断中脑边缘系统及中脑皮层通路的多巴胺受体（DA_2）有关。对多巴胺（DA_1）受体、5-羟色胺受体、M-型乙酰胆碱受体、α-肾上腺素受体均有阻断作用，作用广泛。此外，本品小剂量时可抑制延脑催吐化学感受区的多巴胺受体，大剂量时直接抑制呕吐中枢，产生强大的镇吐作用。抑制体温调节中枢，使体温降低，体温可随外环境变化而改变，其阻断外周α-肾上腺素受体作用，使血管扩张，引起血压下降，对内分泌系统也有一定影响。本品与乙醇或其他中枢神经系统性抑制药合用时中枢抑制作用加强。本品与阿托品类药物合用时，不良反应加强。抗酸剂可降低本品的吸收，苯巴比妥可加快其排泄，因而减弱其抗精神病作用。

【不良反应】

1. 常见嗜睡、乏力、口干、食欲缺乏、上腹不适。

2. 可引起体位性低血压、心悸或心电图改变。

3. 可出现锥体外系反应，如震颤、僵直、流涎、运动迟缓等。

4. 长期大量使用可引起迟发型运动障碍。

5. 可引起血浆中催乳素浓度增加，可能有关的症状为：溢乳、雄性动物雌性化乳房、闭经等。

6. 可引起注射局部红肿、疼痛、硬结。

7. 可引起中毒性肝损害或阻塞性黄疸。

8. 少见骨髓抑制。

9. 偶可引起癫痫、过敏性皮疹或剥脱性皮炎及恶性综合征。

10. 眼部并发症，包括角膜及晶体混浊，偶见色素沉着性视网

膜病，长期用药动物应做眼科检查，眼内压可能升高，青光眼动物禁用。

【禁忌证】基底神经节病变、帕金森病、帕金森综合征、骨髓抑制、青光眼、昏迷及对吩噻嗪类药过敏动物禁用。

【注意事项】

1. 患有心血管疾病（如心衰、心肌梗死、传导异常）慎用。

2. 出现迟发型运动障碍，应停用所有的抗精神病药。

3. 出现过敏性皮疹及恶心综合征应立即停药并进行相应的处理。

4. 用药后引起体位性低血压应限制活动，血压过低可静脉滴注去甲肾上腺素、禁用肾上腺素。

5. 肝、肾功能不全动物应减量。

6. 癫痫动物慎用。

7. 应定期检查肝功能与白细胞计数。

8. 对晕动症引起的呕吐效果差。

9. 本品不宜皮下注射，静脉注射可引起血栓性静脉炎，应稀释后缓慢注射。

10. 怀孕动物慎用，年老体弱动物慎用，哺乳期动物使用本品期间应停止哺乳。

【规格】（1）1 mL：25 mg （2）2 mL：50 mg

【用法与用量】口服或肌内注射，每千克体重0.5~1 mg，一日2次。

盐酸异丙嗪注射液
Promethazine Hydrochloride Injection

【适应证】用于变态反应性疾病，如荨麻疹、过敏性皮炎、血清病等，也可用于镇静、催眠、恶心、呕吐的治疗以及术后镇痛，可与止痛药合用，作为辅助用药。

【药理作用】本品为氯丙嗪的衍生物，有较强的中枢抑制作用，但比氯丙嗪弱。也能增强麻醉药和镇静药的作用，还有降温和止吐作用。本品抗组胺作用较盐酸苯海拉明强而持久，作用时间超过24 h。

【不良反应】有较强的中枢抑制作用，主要变现为嗜睡、口干。如超剂量使用可致口、鼻、喉发干，腹痛、腹泻、呕吐、嗜睡、眩晕。严重过量可致惊厥，继之中枢抑制。

【注意事项】

1. 注射液为无色的澄明液体，如呈紫红色乃至绿色时，不可用。

2. 本品有刺激性，不宜做皮下注射。

3. 本品忌与碱性溶液或生物碱合用。

【规格】（1）2 mL：0.05 g　（2）10 mL：0.25 g

【用法与用量】肌内注射，每千克体重0.2~0.4 mg，一日3~4次。

速眠新注射液（846合剂注射液）
Sumianxin Solution for Injection

【主要成分】盐酸二氢埃托啡，氟哌啶醇，盐酸二甲苯胺噻唑（静松灵），乙二胺四乙酸（EDTA）和氯胺酮。

【适应证】本品为动物全身麻醉剂，具有中枢性镇痛、镇静和肌肉松弛作用，常用于马、牛、羊、虎、狮、熊、犬、猫、兔、鼠等动物的手术麻醉和药物制动。

【注意事项】

1. 严重心肺疾患动物禁用；妊娠期慎用。

2. 应在空腹条件下使用，建议麻醉前禁食12 h，以免引起呕吐、排便等不良反应。

3. 遇药物反应剧烈时，可肌注山莨菪碱或阿托品对抗心血管抑制，遇呼吸停止时可及时静脉注射苏醒灵进行急救或催醒。

【规格】1.5 mL

【用法与用量】肌内注射，每千克体重0.05~0.1 mL。静脉给药时，剂量应降至上述计量的1/2~1/3。

地西泮注射液（安定注射液）
Diazepam Injection

【适应证】用于抗癫痫和抗惊厥。静脉滴注可用于全麻的诱导和麻醉前给药。

【不良反应】

1. 常见的不良反应，包括嗜睡、头昏、乏力等，大剂量可有共济失调、震颤。

2. 罕见的有皮疹、白细胞减少。

3. 猫可产生行为改变（受刺激、抑郁等），并可能引起肝损害。犬可出现兴奋效应，不同个体可出现镇静或癫痫两种极端效应，犬还表现食欲增加。

4. 长期连续用药可产生依赖性和成瘾性，停药可能发生撤药症状，表现为兴奋或抑郁。

【注意事项】

1. 对苯二氮䓬类药物过敏动物，可能对本药过敏。

2. 肝、肾功能损害着能延长本药清除半衰期。

3. 癫痫动物突然停药可引起癫痫持续状态。

4. 避免长期大量使用而成瘾，如长期使用应逐渐减量，不宜骤停。

5. 对本品耐受量小的动物初用量宜小，逐渐增加剂量。

6. 妊娠及哺乳期动物禁用，幼龄及老龄动物慎用。

7. 以下情况慎用：① 严重的急性乙醇中毒，可加重中枢神经系统抑制作用。② 重度重症肌无力，病情可能被加重。③ 急性或隐性发生闭角型青光眼可因本品的抗胆碱能效应而使病情加重。④ 低蛋白血症时，可导致嗜睡难醒。⑤ 多动症动物可有反常反应。（6）严重慢性阻塞性肺部病变，可加重呼吸衰竭。

【规格】 2 mL：10 mg

【用法与用量】 缓慢静脉滴注，每千克体重0.25~0.5 mg，必要时3~4 h可重复注射，最大剂量不超过一日10 mg。

苯巴比妥片（癫安舒片）
Phenobarbitone Tablets (Phenomav Tablets)

【适应证】 用于治疗犬、猫焦虑、失眠、癫痫及运动障碍。是治疗癫痫大发作及局限性发作的重要药物。也可用作高胆红素血症药及麻醉前用药。

【不良反应】

1. 用于抗癫痫时最常见的不良反应为镇静，但随着疗程的持续，其镇静作用逐渐变得不明显。

2. 可能引起微妙的情感变化，出现认知和记忆的缺损。

3. 长期用药，偶见叶酸缺乏和低钙血症。

4. 罕见巨幼红细胞性贫血和骨软化。

5. 大剂量时可产生眼球震颤、共济失调和严重的呼吸抑制。

6. 偶见皮肤反应，包括皮疹、剥脱性皮炎和多形红斑。

7. 长期使用可致依赖性。犬可能表现抑郁与躁动不安综合征，猫对本品敏感，易致呼吸抑制。

【禁忌证】肝、肾功能严重损伤的动物禁用。妊娠动物慎用。严重肺功能不全、肝硬化、血卟啉病史、贫血、哮喘史、未控制的糖尿病动物禁用。

【注意事项】

1. 对一种巴比妥过敏动物，可能对本品过敏。

2. 做抗癫痫药应用时，可能需10~30 d才能达到最大效果。

3. 长期用药可产生精神或躯体的药物依赖性，停药需逐渐减量，以免引起撤药症状。

4. 与其他中枢抑制药合用，对中枢产生协同抑制作用，应注意。

5. 妊娠及哺乳期动物禁用，幼龄及老龄动物慎用。

【规格】（1）30 mg　（2）100 mg

【用法与用量】口服。镇静，每千克体重2 mg，一日2~3次。抗高胆红素血症，每千克体重5~8 mg，分2次口服。抗痉挛、惊厥，每千克体重2~10 mg，一日1次。或者同等剂量分为两次给药，一日2次，两次给药的时间间隔为12 h。每天给药时间应保持一致，为达到所需剂量可分割药片给药，若想维持目前的状况，按最小推荐剂量给药。

犬用苯巴比妥片（癫克片）

Phenobarbitone Tablets for Dogs (Epiphen Tablets)

【主要成分】苯巴比妥。

【适应证】用于治疗犬的癫痫、痉挛、惊厥。

【注意事项】肝、肾功能严重受损动物，怀孕动物慎用。

【规格】100 mg

【用法与用量】口服，每千克体重2~8 mg，一日1次。或者同等剂量分为两次给药，一日2次，两次给药的时间间隔为12 h。

溴化钾片（癫舒片）
Potassium Bromide (Epibrom Tablets)

【主要成分】溴化钾。

【适应证】当癫痫持续发作，可同时与正常剂量的癫克（苯巴比妥）协同使用，如果癫痫的症状已经得到控制，可以适量减少癫克的用量。

【规格】200 mg

【用法与用量】口服，每千克体重20~40 mg，一日1次，或者同等剂量分为两次给药，一日2次，两次给药的时间间隔为12 h。

丙戊酸钠片（抗癫灵）
Sodium Valproate Tablets

【适应证】癫痫各种小发作、肌阵挛性发作、全身强直、痉挛发作等。

【不良反应】常见不良反应表现为腹泻、消化不良、恶心、呕吐、胃肠道痉挛。长期服用偶见胰腺炎及急性肝坏死。可使血小板减少引起紫癜、出血和出血时间延长。对肝功能有损害。偶有过敏。

【规格】（1）100 mg （2）200 mg

【用法与用量】口服，每千克体重30 mg，一日2次；或每千克体重15 mg，一日2次。按需要可加大用药剂量，按体重增加5~10 mg，至有效或不能耐受为止。

卡马西平片（镇惊宁片）
Carbamazepini Tablets

【适应证】抗惊厥药、镇痛药，用于癫痫大发作和三叉神经痛。

【不良反应】严重肝功能不全动物、妊娠及哺乳期动物禁用。

【规格】100 mg

【用法与用量】口服，每千克体重10~20 mg，一日2~3次。

戊巴比妥钠片
Pentobarbitol Sodium Tablets

【适应证】用于镇静、催眠、麻醉前给药及抗惊厥。

【不良反应】眩晕、头痛、乏力、精神不振等延续效应。偶见皮疹、剥脱性皮炎、运动功能障碍、中毒性肝炎、黄疸等。可见巨幼红细胞贫血、关节疼痛、骨软化。

【规格】（1）50 mg　（2）100 mg

【用法与用量】口服，每千克体重5~15 mg。

硫酸镁注射液
Magnesium Sulfate Injection

【适应证】抗惊厥。

【不良反应】静脉注射过快可引起血压降低及呼吸暂停。

【注意事项】

1. 静脉注射速度过快或过量可导致血镁过高，引起血压剧降、呼吸抑制、心动过缓、神经肌肉兴奋传导阻滞，甚至死亡。故静脉注射宜缓慢。

2. 若发生呼吸麻痹等中毒现象时，应立即静脉注射钙剂解救。

3. 患有肾功能不全、严重心血管疾病、呼吸系统疾病的动物慎用或不用。

【规格】（1）10 mL：1 g （2）10 mL：2.5 g

【用法与用量】肌内注射，一次1~2 g。

三 全身麻醉药与化学保定药

（一）全身麻醉药

丙泊酚注射液
Propofol Injection

【适应证】用于诱导和维持全身麻醉的短效静脉麻醉药，也用于加强监护动物接受机械通气时的镇静及犬、猫绝育手术。

【药理作用】本品为烷基酚类的短效静脉麻醉药，通过激活GABA受体—氯离子复合物，发挥镇静催眠作用。临床使用剂量时增加氯离子传导，大剂量时使GABA脱敏感，从而抑制神经中枢系统，产生镇静、催眠效应，其麻醉效价是硫喷妥钠的1.8倍。起效快、作用时间短，以2.5 mg/kg的剂量静脉注射时，起效时间为30~60 s，维持时间约10 min，苏醒迅速、醒后无宿醉感。能抑制咽喉反射，有利于插管，很少发生喉痉挛。本品麻醉诱导时，可引起血压下降，心肌血液灌注量及氧耗量下降，外周血管阻力降低，心率无明显变化。用于老龄体弱、心功能不全的动物血压下降尤为明显，剂量应酌减，静脉注射速度应减慢。丙泊酚对呼吸也有明显抑制作用，可抑制二氧化碳的通气反应，表现为潮气量减少，清醒状态时可使呼吸频率增加，静脉注射时常发生呼吸暂停，对支气管平滑肌无明显影响。丙泊酚能降低颅内压和眼压，减少脑耗氧量和脑血流量，术后恶心呕吐少见，镇痛作用微弱。丙泊酚诱导麻醉时产生不自主的肌肉运动、抽搐，浅麻时更为明显。

【不良反应】

1. 在麻醉诱导期间，由于剂量、使用的术前用药和其他药物，可能会发生低血压和短暂性呼吸暂定。

2. 在复苏期间，偶见恶心、呕吐、惊厥和角弓反张的癫痫样运动、肺部水肿和术后发热。

3. 在麻醉诱导期可能出现局部疼痛，可通过合用利多卡因或较粗静脉注射来减轻疼痛。

【禁忌证】 已知对丙泊酚或其中的乳化剂过敏动物禁用。

【注意事项】

1. 本品应由受过训练的麻醉医师来给药，不应由外科医生或诊断性手术医师给药。

2. 用药期间应保持呼吸道畅通，并备有人工通气和供氧设备。

3. 癫痫动物使用本品可能有惊厥的危险。

4. 心脏、呼吸道或循环血流量减少及衰弱的动物慎用。

5. 脂肪代谢紊乱动物慎用。

6. 本品用前摇匀。

【规格】（1）10 mL：100 mg　（2）20 mL：200 mg　（3）50 mL：500 mg

【用法与用量】 静脉注射，每千克体重6 mg。

注射用硫喷妥钠
Thiopental Sodium for Injection

【适应证】 主要用于各种动物的诱导麻醉和基础麻醉。单独应用仅用于外科小手术。还可用于中枢兴奋药中毒、破伤风以及脑炎引起的惊厥。

【不良反应】 本品易致呼吸抑制。麻醉后胃贲门括约肌松弛，易致误吸和返流。剂量过大或注射速度过快，易导致严重低血压和呼吸抑制。较大剂量可出现长时间延迟性睡眠。

【注意事项】

1. 药液只供静脉注射，不可漏出血管外，否则易引起静脉周围组织炎症，不宜过快注射，否则将引起血管扩张和低血糖。

2. 肝肾功能障碍、重病、衰弱、休克、腹部手术、支气管哮喘（可引起喉头痉挛、支气管水肿）等禁用。

3. 本品过量引起的呼吸与循环抑制，可用戊四氮等解救。

【规格】（1）0.5 g （2）1.0 g

【用法与用量】静脉注射，每千克体重20~25 mg。

盐酸氯胺酮注射液
Ketamine Hydrochloride Injection

【适应证】本品用于各种浅表、短小手术麻醉、诊断性检查麻醉及全身复合型麻醉。

【不良反应】本品可使动物血压升高、唾液分泌增多、呼吸抑制和呕吐等，高剂量可产生肌肉张力增加、惊厥、呼吸困难、痉挛、心搏暂停和苏醒期延长等。

【注意事项】静脉注射切忌过快，否则易致一过性呼吸暂停。

【规格】2 mL：100 mg

【用法与用量】肌内注射，每千克体重犬5~10 mg（即每千克体重0.1~0.2 mL），猫4 mg。静脉给药时，剂量应降至上述计量的1/2~1/3。

舒泰注射液
Zoletil Solution for Injection

【主要成分】镇静剂替来他明和肌松剂唑拉西泮。

【适应证】用于犬、猫和野生动物的保定及全身麻醉。

【禁忌证】用有机磷盒氨基酸酯进行系统治疗的动物。严重的心机能和呼吸机能不全。胰脏功能不全。患严重高血压。

【注意事项】舒泰只能用于动物。建议麻醉前禁食12 h。动物处于麻醉恢复期时应保证环境黑暗和安静。注意麻醉动物的保暖，防止热量过度散失。

【规格】（1）舒泰50：50 mg/mL （2）舒泰100：100 mg/mL

【用法与用量】肌内注射，每千克体重犬5.0~11.0 mg，猫4.0~7.5 mg。

（二）化学保定药

静安舒注射液
ANAMAV Solution for Injection

【主要成分】乙酰丙嗪，阿托品等。

【适应证】用于犬、猫等动物术前麻醉及镇静，也可用于镇静和保定。

【禁忌证】拳师犬（Boxer）对本类药物极为敏感，可导致意外情况发生，禁止使用。

【规格】1 mL ：10 mg

【用法与用量】静脉缓慢推注，也可皮下或肌内注射，每千克体重0.05~0.1 mL。

第八部分

外周神经
系统用药

一 拟胆碱药

溴新斯的明片
Neostigmine Bromide Tablets

【适应证】用于重症肌无力、手术后功能性肠胀气及尿潴留。

【药理作用】本品具有抗胆碱酯酶作用，且能直接激动骨骼肌运动终板上的N_2胆碱受体，故对骨骼肌的作用较强，而对腺体、眼、心血管及支气管平滑肌作用较弱，对胃肠道平滑肌可促进胃收缩和增加胃酸分泌，在食道明显弛缓和扩张的动物，本品能有效地提高食道张力。本品可促进小肠、大肠，尤其是结肠的蠕动，促进内容物向下推进。

【不良反应】本品可致药疹，大剂量时可引起恶心、呕吐、腹痛、腹泻、流泪、流涎等，严重时可出现共济失调、惊厥、昏迷、焦虑不安、恐惧甚至心脏停搏等。

【禁忌证】

1. 对过敏体质动物禁用。

2. 癫痫、心绞痛、室性心动过速、机械性肠梗阻或尿道梗阻及哮喘动物禁用。

【注意事项】口服过量时，应洗胃、早期维持呼吸，并常规给予阿托品对抗之。

【规格】15 mg

【用法与用量】口服，常用量，每千克体重0.5 mg，一日1~3次，重症肌无力的动物用量视病情而定。

甲硫酸新斯的明注射液
Neostigmine Methylsulfate Injection

【适应证】【不良反应】【禁忌证】【注意事项】同溴新斯的明片。

【规格】2 mL：1 mg

【用法与用量】皮下或肌内注射，常用量，每千克体重0.5 mg，一日1~3次，重症肌无力的动物用量视病情而定。

盐酸氢溴酸加兰他敏注射液
Galantamine Hydrobromide Injection

【适应证】抗胆碱酯酶药。用于重症肌无力、脊髓灰质炎后遗症、由于神经系统的疾病或外伤引起的感觉、运动障碍、多发性神经炎及脊神经炎及颉颃氯化筒箭毒碱及类似药物的去极化肌松作用。

【药理作用】为乙酰胆碱酯酶抑制药。可透过血脑屏障，对抗非去极化肌松药。对运动终板上的N_2胆碱受体也有直接兴奋作用，可改善神经肌肉传导。并有一定的中枢拟胆碱作用。

【不良反应】偶见过敏反应。

【禁忌证】癫痫、运动机能亢进、机械性肠梗阻、支气管哮喘、心绞痛和心动过动物均禁用。青光眼动物不宜使用。

【注意事项】用药过量或过敏动物偶可出现流涎、腹痛、心动徐缓或眩晕等副反应，症状严重时可皮下注射阿托品。

【规格】1 mL：2.5 mg

【用法与用量】皮下或肌内注射，每千克体重0.05~0.1 mg，一日1次。

二 抗胆碱药

阿托品注射液
Atropine Injection

【适应证】主要用于心动过缓、麻醉前给药、解毒剂等。缓解胃肠道平滑肌的痉挛性疼痛。用于麻醉前给药，用来阻止或减少呼吸道分泌。治疗多涎症。用于感染性中毒休克或用作拟胆碱药（例如毒扁豆碱等）过量的解毒剂。解除迷走神经对心脏的抑制，使心跳加快。松弛虹膜括约肌，散大瞳孔，眼压升高，兴奋呼吸中枢。

【药理作用】阿托品与其他抗毒蕈碱药物一样，在节后副交感神经效应位点竞争性抑制乙酰胆碱或其他拟胆碱药。高剂量可阻断自主神经节和神经肌肉接头的烟碱受体。药理作用具有剂量依赖性。低剂量时抑制唾液、支气管分泌液和汗液的分泌（马除外）。中等剂量能使瞳孔扩大和调节麻痹，并加快心率。高剂量可减慢胃肠道和泌尿道的蠕动。极高的剂量时可抑制肠道的分泌。

【注意事项】本品作用广泛，选择性差，副作用多，应慎用。青光眼、心动过速、肠梗阻、尿道梗阻动物禁用。

【规格】（1）1 mL：5 mg （2）1 mL：0.5 mg

【用法与用量】

1. 用于麻醉前的辅助用药、心动过缓、不完全房室传导阻滞的辅助治疗和支气管狭窄的治疗：皮下、肌内注射，或静脉滴注，按体重一次0.03 mg。

2. 用于拟胆碱药中毒的治疗：每千克体重0.3 mg，静脉注射给予1/4剂量，剩余部分皮下或肌内注射。

盐酸山莨菪碱注射液
Raceanisodamine Hydrochloride Injection

【适应证】抗胆碱药。有扩张小血管和解痉止痛作用。用于胃肠道绞痛，急性微循环障碍及有机磷中毒等。用于三叉神经痛及坐骨神经痛。用于治疗剧烈咳嗽，治疗黄疸性肝炎，预防链霉素毒副作用，治疗银屑病，治疗神经性耳聋，治疗急性颈髓损伤。

【规格】1 mL：10 mg

【用法与用量】皮下或肌内注射，每千克体重0.5~1 mg，一日2次。

三 拟肾上腺素药

盐酸肾上腺素注射液
Epinephrine Hydrochloride Injection

【适应证】抢救过敏性休克。抢救心脏骤停。治疗支气管哮喘。

与局麻药合用可减少局麻药的吸收而延长其药效，并减少其毒副作用，亦可减少手术部位的出血。制止鼻黏膜和齿龈出血。治疗荨麻疹、枯草热、血清反应等。

【不良反应】心悸、头痛、血压升高、震颤、无力、眩晕、呕吐、四肢发凉。用药局部可有水肿、充血、炎症。

【禁忌证】禁用于狭角型青光眼、分娩过程中、心脏扩展或冠状动脉功能不全的动物。禁用于糖尿病、高血压、甲状腺毒症、妊娠毒血症。禁止与局麻药合用注射身体局部。

【规格】1 mL：1 mg

【用法与用量】肌内注射或静脉滴注，每千克体重0.2~0.4 mL。

盐酸多巴胺注射液
Dopamine Hydrochloride Injection

【适应证】拟肾上腺素药。适用于心肌梗死、创伤、内毒素败血症、心脏手术、肾衰竭、充血性心力衰竭等引起的休克综合征；补充血容量后休克仍不能纠正者，尤其有少尿及周围血管阻力正常或较低的休克。由于本品可增加心排血量，也用于洋地黄和利尿剂无效的心功能不全。

【注意事项】大剂量应用时可见呼吸加快及心律失常，停药后即迅速消失。本品使用前应补充血容量及纠正酸中毒。

【规格】2 mL：20 mg

【用法与用量】静脉滴注，每分钟每千克体重5~10 μg，一日1次。

四　局部麻醉药

盐酸普鲁卡因注射液
Procaine Hydrochloride Injection

【适应证】局部麻醉药。用于浸润麻醉、阻滞麻醉、腰椎麻醉、硬膜外麻醉及封闭疗法等。

【不良反应】本品可有高敏反应和过敏反应，个别动物可出现高铁血红蛋白症。剂量过大，吸收速度过快或误入血管可致中毒反应。

【禁忌证】心、肾功能不全，重症肌无力等动物禁用。

【注意事项】

1. 给药前必须作皮内敏感试验，遇周围有较大红晕时应谨慎，必须分次给药，有丘肿动物应作较长时间观察，每次不超过30~50 mg，证明无不良反应时，方可继续给药，有明显丘肿动物主诉不适动物，立即停药。

2. 除有特殊原因外，一般不必加肾上腺素，如确要加入，应在临用时即加，且高血压动物应谨慎。

3. 药液不得注入血管内，给药时应反复抽吸，不得有回血。

4. 本品的毒性与给药途径、注速、药液浓度、注射部位、是否加入肾上腺素等有关，应严格按照本说明书给药。营养不良、饥饿状态更易出现毒性反应，应予减量。

5. 给予最大剂量后应休息1 h以上方准行动。

6. 脊椎麻醉时尤其需调节阻滞平面，随时观察血压和脉搏的变化。

7. 注射器械不可用碱性物质如肥皂，煤酚皂溶液等洗涤消毒，注射部位应避免接触碘，否则会引起普鲁卡因沉淀。

【规格】2 mL：40 mg

【用法与用量】

1. 表面麻醉：3%~5%溶液，皮肤、黏膜表面喷雾。

2. 浸润麻醉、封闭疗法：0.25%~0.5%溶液，患部多点注射。

3. 传导麻醉：2%溶液，多点注射，每点2~5 mL。

盐酸利多卡因注射液
Lidocaine Hydrochloride Injection

【适应证】除了用作局部麻醉药物以外，利多卡因还用于治疗各种动物的室性心律不齐，主要是室性心动过速和室性异位搏动。猫可能对此药更加敏感，一些临床医师认为此药作为抗心律不齐药，不可用于猫，但存在争议。

【药理作用】局部麻醉药和抗心律失常药。与Na^+快速通道结合，导致Na^+通道关闭，从而抑制膜复极化后的恢复。在治疗浓度水平，利多卡因导致舒张4期去极化减弱，自律性降低及膜反应和兴奋性降低或维持不变。这些效应出现在血清浓度水平，不抑制窦房结的自律性，且对房室结的传导和希氏–蒲肯野氏传导有轻微影响。

【不良反应】出现中枢神经系统症状，包括困倦、抑郁、运动失调、肌肉震颤等。恶心、呕吐可能出现，但通常是暂时的。

【禁忌证】

1. 猫可能对使用利多卡因带来的中枢神经系统影响更加敏感，应慎用。

2. 慎用于肝病、充血性心力衰竭、休克、血容量过低、严重的呼吸抑制，明显的组织缺氧，有室性早搏导致的心动过缓或不完全性心脏传导阻滞动物。

【规格】2 mL：40 mg

【用法与用量】犬用，猫慎用。缓慢静脉滴注，每千克体重2~8 mg。

盐酸布比卡因注射液
Bupivacaine Hydrochloride Injection

【适应证】用于局部浸润麻醉、外周神经阻滞和椎管内阻滞。

【药理作用】为酰胺类长效局部麻醉药，其麻醉时间比盐酸利多卡因长2~3倍，弥散度与盐酸利多卡因相仿。对循环和呼吸的影响较小，对组织无刺激性，不产生高铁血红蛋白，常用量对心血管功能无影响，用量大时可致血压下降，心率减慢。无明显的快速耐受性。

【不良反应】少数动物可出现头痛、恶心、呕吐、尿潴留及心率减慢等。如果出现严重副反应，可静脉注射麻黄碱或阿托品。过量或误入血管可产生严重的毒性反应，一旦发生心肌毒性几无复苏希望。

【规格】5 mL

【用法与用量】

1. 浸润麻醉、封闭疗法：0.125%~0.25%溶液，患部多点注射，止痛。

2. 传导麻醉：0.25%~0.5%溶液，多点注射，每点2~5 mL。

五　其他

甲钴胺片（弥可保片）
Mecobalamin Tablets

【适应证】用于周围神经病。

【药理作用】甲钴胺是一种内源性的辅酶B_{12}，参与一碳单位循环，在由同型半胱氨酸合成蛋氨酸的转甲基反应过程中起重要作用。动物实验表明，本品比氰钴胺易于进入神经元细胞器，参与脑细胞和脊髓神经元胸腺嘧啶核苷的合成，促进叶酸的利用和核酸代谢，且促进核酸和蛋白质合成作用较氰钴胺强；能促进轴突运输功能和轴突再生，使链脲霉素诱导的糖尿病大鼠坐骨神经轴突骨架蛋白的运输正常化；对药物引起的神经退变，如阿霉素、丙烯酰胺、长春新碱引起的神经退变及自发高血压大鼠神经疾病，具有抑制作用；能使延迟的神经突触传递和神经递质减少恢复正常，通过提高神经纤维兴奋性，恢复终极板电位诱导，使饲以胆碱缺乏饲料大鼠的脑内乙酰胆碱恢复到正常水平。

【不良反应】胃肠道反应：偶见食欲不振、恶心、呕吐、腹泻。过敏反应：少见皮疹。

【禁忌证】对甲钴胺或处方中任何辅料过敏动物禁用。

【注意事项】如果服用1个月以上无效，则无需继续服用。

【规格】0.5 mg

【用法与用量】口服，每千克体重0.02 mg，一日3次，可根据年龄、症状酌情增减。

第九部分

解热镇痛抗炎药与肾上腺激素类药

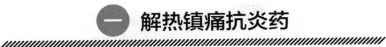

一 解热镇痛抗炎药

乙酰水杨酸片（阿司匹林片）
Acetylsalicylic Acid Tablets (Aspipin Tablets)

【适应证】用于发热、头痛、神经痛、肌肉痛、风湿痛、急性风湿性和类风湿性关节炎，以及预防心肌梗死、动脉血栓硬化等。用于弥散性血管内凝血。

【药理作用】本品解热、镇痛效果较好，抗炎、抗风湿作用强。还可抑制抗体产生及抗原抗体结合反应，阻止炎性渗出，对急性风湿症有特效，抗风湿的疗效确实。较大剂量时还可抑制肾小管对尿酸的重吸收，增加尿酸排泄。本品主要用于发热、风湿症、肌肉和关节疼痛、痛风症的治疗。猫因缺乏葡萄糖苷酸转移酶，故半衰期较长并对对本品敏感。

【不良反应】本品能抑制凝血酶原合成，连续长期应用可发生出血倾向。对胃肠道有刺激作用，剂量较大时易导致食欲不振、恶心、呕吐乃至消化道出血，长期使用可引起胃肠溃疡。猫因缺乏葡萄糖苷酸转移酶，对本品代谢很慢，容易造成药物蓄积，故对猫的毒性大。

【注意事项】

1. 胃炎、胃溃疡动物慎用，与碳酸钙同服，可减少对胃的刺激。不宜空腹投服。发生出血倾向时，可用维生素K防治。

2. 解热时，动物应多饮水，以利于排汗和降温，否则会因出汗过多而造成水和电解质平衡失调或虚脱。

3. 老龄动物、体弱或体温过高动物，解热时宜用小剂量，以免大量出汗而引起虚脱。

4. 动物发生中毒时，可采取洗胃、导泻、内服碳酸氢钠，静注5%葡萄糖和0.9%氯化钠等解救。

【规格】0.3 g

【用法与用量】口服，犬每千克体重10~20 mg，一日2次。猫每千克体重10~20 mg，隔日一次。

复方水杨酸钠注射液
Compound Sodium Salicylate Injection

【适应证】用于治疗风湿症、关节痛、肌肉痛等。

【注意事项】

1. 注射液仅供静注，可用碳酸氢钠解救。

2. 有出血倾向、肾炎及酸中毒的小动物忌用。

【规格】10 mL：1 g

【用法与用量】静脉注射，一次0.1~0.5 g。

托芬那酸片（痛立定片）
Tolfenamic Acid Tablets (Tolfedine Tablets)

【适应证】用于犬、猫的急慢性关节炎，手术前后控制疼痛。肌肉、韧带拉伤疼痛。某些犬种积累型脊椎劳损。髋关节发育不良等关节疾病。

【药理作用】非甾体类抗炎药。与阿司匹林相似，是环氧合酶有效的抑制剂，可抑制前列腺素的释放，也可直接抑制前列腺受体。托芬那酸通过抑制血小板功能起抗凝血作用，不建议术前使用。

【禁忌证】

1. 对本类药（如甲氯芬那酸）过敏的动物禁用。

2. 有胃肠道出血和溃疡的动物禁用。

3. 肾功能或肝功能下降的动物慎用。

【规格】20 mg

【用法与用量】口服，每千克体重4 mg，一日1次，连用3~5 d。

托芬那酸注射液（痛立定注射液）
Tolfenamic Acid Solution for Injection (Tolfedine Injection)

【适应证】同托芬那酸片（痛立定片）。

【规格】100 mL：4 g

【用法与用量】皮下、肌内或静脉注射，每千克体重0.1 mL，一日1次。

美洛昔康片（痛立消片）
Meloxicam Tablets

【适应证】用于治疗并控制骨骼、肌肉病所引起的疼痛与炎症反应。

【药理作用】本品为非甾体抗炎药。美洛昔康具有镇痛、抗炎、解热作用，与其他非甾体类抗炎药一样，美洛昔康通过抑制环氧化酶、磷脂酶A_2以及前列腺素的生物合成来发挥功效。对于犬进行的急性剂量研究还未显示有任何不良的肾脏或肝脏毒性。

【不良反应】一般为呕吐、腹泻、胃肠道出血或溃疡以及便血等。

【禁忌证】禁用于对其高度过敏的犬，以及患有胃肠道溃疡或出血，肝脏、心脏或肾脏功能受损以及出血紊乱的犬。

【注意事项】

1. 仅用于宠物犬、猫。

2. 避免同时使用其他非甾体类抗炎药（NSAIDs）。

3. 连续使用不宜超过1个月。

4. 根据控制症状的需要，在最短治疗时间内使用最低有效剂量，可以使不良反应降到最低。

5. 应用于幼龄犬或老龄犬时，应随时监测胃肠道出血情况，如有不良反应，应立即停止用药并及时作出处理。

6. 不推荐应用于妊娠期与哺乳期母犬。

7. 请勿让儿童接触本品。

【规格】（1）2 mg　（2）8 mg

【用法与用量】口服，首次剂量每千克体重0.2 mg，之后以0.1 mg维持，一日1次，连用7~10 d。

卡洛芬（痛立止）
Carprofen

【适应证】用于犬的风湿、类风湿性关节炎及其他炎症引起的疼痛的治疗。用于犬骨关节炎、急慢性痛风、风湿及类风湿性关节炎。

也可用于手术或外伤引起的急性疼痛，尤其能迅速缓解肌肉、韧带、关节、骨骼等处的疼痛，急、慢性炎症。发热时退烧。如用于术后疼痛控制，需要在术前0.5~1 h服用。

【药理作用】卡洛芬属丙酸类非甾体抗炎镇痛药。卡洛芬通过抑制环氧化酶的活性从而抑制前列腺素的合成，从而使炎症缓解或消失，有较强的抗炎抗风湿作用。卡洛芬通过抑制外周的前列腺素合成，降低感受器的兴奋性，并同时抑制缓激肽的合成，从而产生镇痛效果，广泛应用于各种慢性钝痛。

【不良反应】少数动物会出现胃肠道反应，如恶心、呕吐等。大量副作用同时出现请立即停止本品治疗。妊娠期和哺乳期动物禁用。肝功能不全的动物慎用或在监控下使用。

【禁忌证】

1. 禁用于有出血障碍和对其或其他丙酸类非甾体类抗炎药有严重反应史的犬。

2. 慎用于老龄动物或先前存在慢性疾病（如肠炎、肾或肝功能衰退）。

【注意事项】

1. 本品猫禁用。妊娠期和哺乳期犬禁用。

2. 肝功能不全的犬慎用或在监控下使用。消化道溃疡的犬慎用。

3. 若大量副作用同时出现请立即停止本品治疗。

4. 服用本品24 h内禁止再给予非甾体抗炎类药物，否则将增加药物相关毒性。

5. 卡洛芬不应与其他非甾体抗炎药或类固醇合用。

【规格】（1）25 mg （2）100 mg （3）50 mg∶1 mL

【用法与用量】口服或肌内注射，每千克体重5 mg，一日1次，或分两次服用，单次剂量为每千克体重2.5 mg。

替泊沙林片（卓比林片）
Tepoxalin Tablets

【适应证】治疗犬骨关节炎引起的疼痛，炎症。由于对白三烯的抑制作用，可用于过敏辅助治疗。

【药理作用】本品为非甾体类抗炎药。替泊沙林可双重抑制环氧化酶（COX）和5-脂质氧化酶（LOX），减少由于疼痛、发热和炎症引起的前列腺素释放。也可减少白三烯释放，可以降低胃肠道反应，可以减轻关节炎炎症反应。

【不良反应】腹泻、呕吐、厌食、肠炎和精神萎靡。其他不良反应少见，包括饮食动物失调、失禁、胃肠气胀、脱毛和震颤。

【禁忌证】

1. 对本品过敏的犬禁用。

2. 肝脏、心脏和肾脏功能不良的犬慎用。

3. 本品与进行性肾脏功能损伤有关药物（脱水和利尿药）同时使用应慎用。

4. 肠道溃疡严重时最好不要使用该药。

【规格】（1）50 mg　（2）20 mg

【用法与用量】口服，首次剂量每千克体重20 mg，之后以每千克体重10 mg，一日1次，连用7 d。

酮洛芬注射液（凯普林注射液）
Ketoprofen Injection

【适应证】用于减轻发炎和伴随着骨骼机能紊乱而发生的疼痛。

【药理作用】本品为非甾体类抗炎药。具有解热、镇痛、抗炎活性。作用机理是抑制环氧合酶催化花生四烯酸合成前列腺素前体（环内过氧化物），从而抑制组织中前列腺素的合成。对脂氧合酶有抑制活性。

【不良反应】可能引起犬、猫呕吐、食欲不振和胃肠溃疡。

【禁忌证】

1. 对本品过敏的犬禁用。

2. 肝脏、心脏和肾脏功能不良的犬慎用。

【规格】1 mL∶10 mg

【用法与用量】皮下或肌内注射，每千克体重1~2 mg。

布洛芬片
Ibuprofen Tablets

【适应证】用于各种原因引起的发热或感冒等症状。用于软组织损伤，关节痛，腰背痛，肌肉痛，头痛，偏头痛，牙痛。也用于口腔，眼部等手术后的疼痛。

【不良反应】最常见的反应为恶心、呕吐。其次是腹泻、便秘，烧心，上腹部痛。

【注意事项】胃与十二指肠溃疡动物慎用。

【规格】（1）0.1 g　（2）0.2 g

【用法与用量】口服，每千克体重5~10 mg，一日3次。

复方氨林巴比妥注射液（安痛定注射液）
Compound Aminophenazone and Barbital Injection

【主要成分】本品为复方制剂，其组分为：每2 mL含氨基比林0.1 g，安替比林0.04 g，巴比妥0.018 g。辅料：依地酸二钠、注射用水。

【适应证】解热止痛药。主要用于急性高热时的紧急退热，对发热时的头痛症状也有缓解作用。

【不良反应】过敏性休克，表现为胸闷、头晕、恶心、呕吐、血压降低等，应立即停止给药并采取相应措施。粒细胞缺乏，紫癜。皮疹、荨麻疹、表皮松懈等。

【禁忌证】对吡唑酮类或巴比妥类药物过敏动物禁用。对本品有过敏史动物禁用。

【注意事项】

1. 长期使用可引起粒细胞减少，再生障碍性贫血及肝肾损伤等严重中毒反应。

2. 呼吸系统有严重疾病及呼吸困难动物慎用。体弱动物慎用。

3. 本品不得与其他药物混合注射。

4. 妊娠及哺乳期动物慎用。幼龄及老龄动物慎用。

【规格】2 mL

【用法与用量】皮下或肌内注射，每千克体重0.1~0.15 mL。

复方氨基比林注射液
Compound Amidopyrine Injection

【主要成分】本品为氨基比林，安替比林和巴比妥的复方制剂。

【适应证】用于发热性疾患、关节炎、肌肉痛和风湿症。

【注意事项】连续长期应用可引起粒性白细胞减少症，应定期检查血象。

【规格】5 mL

【用法与用量】肌内、皮下注射，每千克体重3~5 mL。

保泰松片
Phenylbutazone Tablets

【适应证】主要用于治疗风湿性关节炎、类风湿性关节炎、强直性脊柱炎。

【不良反应】常见不良反应有恶心、呕吐、胃肠道不适、水的潴留、水肿、皮疹等。也可引起腹泻，长期大剂量致消化道溃疡及胃肠出血。偶有引起肝炎、黄疸、肾炎、血尿、剥脱性皮炎、多型性红斑、甲状腺肿、粒细胞及血小板缺乏症。

【规格】（1）0.1 g　（2）0.2 g

【用法与用量】口服，犬每千克体重2~20 mg，一日3次，连用2 d。猫每千克体重6~8 mg，一日2次。

吡罗昔康片
Piroxicam Tablets

【适应证】用于缓解各种关节炎及软组织病变的疼痛和肿胀的对症治疗。用于以上适应证时，本品不作为首选药物。

【不良反应】

1. 恶心、胃痛，及消化不良等胃肠不良反应最为常见。服药量大于一日20 mg时胃溃疡发生率明显增高，有的合并出血，甚至穿孔。

2. 中性粒细胞减少、嗜酸粒细胞增多、血清尿素氮增高、头晕、眩晕、耳鸣、头痛、全身无力、水肿，皮疹或瘙痒等。

3. 肝功能异常、血小板减少、多汗、皮肤淤斑、脱皮、多形性红斑、中毒性上皮坏死、大疱性多形红斑（Stevens-Johnson综合征），皮肤对光过敏反应、视力模糊、眼部红肿、高血压、血尿、低血糖，精神抑郁，及精神紧张等。

【禁忌证】对本品过敏、消化性溃疡、慢性胃病患病动物禁用。幼龄动物禁用，老龄动物慎用。

【注意事项】

1. 交叉过敏。对阿司匹林或其他非甾体抗炎药过敏的患病动物，对本品也可能过敏。

2. 饭后给药或与食物或抗酸药同服，以减少胃肠刺激。

3. 一般在用药开始后7~12 d，还难以达到稳定的血药浓度，因此，疗效的评定常须在用药2周后。

4. 用药期间如出现过敏反应、血象异常、视力模糊、精神症状、水潴留及严重胃肠反应时，应即停药。

5. 过量中毒时应即行催吐或洗胃，并进行支持和对症治疗。

6. 下列情况应慎用：有凝血机制或血小板功能障碍时；心功能不全或高血压；肾功能不全；老龄犬。

7. 长期用药动物应定期复查肝、肾功能及血象。

8. 本品为对症治疗药物，必须同时进行病因治疗。

9. 能抑制血小板聚集，作用比阿司匹林弱，但可持续到停药后2周，术前和术后应停用。

【规格】10 mg

【用法与用量】口服，每20 kg体重1片，一日1次，或分两次，餐后服用。

盐酸曲马多注射液
Tramadol Hydrochloride Injection

【适应证】用于癌症疼痛，骨折或术后疼痛等各种急慢性疼痛镇痛。

【药理作用】本品为非吗啡类强效镇痛药。主要作用于中枢神经系统与疼痛相关的特异性受体。无致平滑肌痉挛和明显呼吸抑制作用，镇痛作用可维持4~6 h。可延长巴比妥类药物麻醉持续时间。与安定类药物同用可增强镇痛作用。具有轻度耐药性和依赖性。

【不良反应】以恶心、呕吐、嗜睡、排尿困难多见，个别病例有皮疹、血压降低等过敏反应。

【禁忌证】镇痛剂或其他中枢神经系统作用药物急性中毒，严重脑损伤，呼吸抑制动物禁用。

【注意事项】

1. 肝、肾功能不全，心脏疾病动物慎用或酌情减量使用。

2. 不得与单胺氧化酶抑制剂同用。

3. 与中枢镇静剂（如安定等）合用时减量。

4. 长期使用不能排除产生耐药性或药物依赖性的可能。

5. 妊娠及哺乳期动物慎用。

【规格】2 mL：0.1 g

【用法与用量】皮下、肌内注射，或静脉滴注，每千克体重2 mg。

氟尼辛葡甲胺注射液
Flunixin Meglumine Injection

【适应证】用于各种原因引起的发热性、炎性疾病及肌肉和软组织疼痛等。

【药理作用】氟尼辛葡甲胺是一种强效环氧化酶抑制剂，具有镇痛、解热、抗炎和抗风湿作用。镇痛作用是通过抑制外周的前列腺素或其痛觉增敏物质的合成或他们的共同作用，从而阻断痛觉冲动传导所致。

【不良反应】主要为呕吐、腹泻，在极高剂量或长期应用时可引起胃肠溃疡。

【注意事项】

1. 胃肠溃疡、胃肠道及其他组织出血、对氟尼辛葡甲胺过敏、心血管疾病、肝肾功能紊乱及脱水的动物禁用。

2. 勿与其他非甾体类抗炎药同时使用。

【规格】10 mL：0.5 g

【用法与用量】皮下或肌内注射，每千克体重1~2 mg，一日1~2次，连用不超过5 d。

氟苯尼考注射液（氟倍宁注射液）
Florfenicol Injection

【主要成分】氟苯尼考5 g，氟尼辛葡甲胺盐0.685 g。

【适应证】用于各种原因引起的发热性、炎性疾病及肌肉和软组织疼痛等。

【规格】50 mL

【用法与用量】皮下或肌内注射，每千克体重犬0.2 mL，猫0.1 mL，一日1次，连用不超过5 d。

对乙酰氨基酚注射液（扑热息痛注射液）
Paracetamol Injection

【适应证】本品用于发热，缓解轻中度疼痛，如头痛、肌肉痛、关节痛以及神经痛、痛经、癌性痛和手术后止痛等。也用于对阿司匹林过敏或不能耐受的动物。但对各种剧痛及内脏平滑肌绞痛无效。

【不良反应】常规剂量下，对乙酰氨基酚的不良反应很少，偶尔可引起恶心、呕吐、出汗、腹痛、皮肤苍白等，少数病例可发生过敏性皮炎（皮疹、皮肤瘙痒等）、粒细胞缺乏、血小板减少、贫血、肝功能损害等。

【注意事项】

1. 猫禁用，因给药后可引起严重的毒性反应，甚至死亡。

2. 大剂量可引起肝、肾损害，在给药后12 h内使用胰腺半胱氨酸或蛋氨酸可以预防肝损害。肝、肾功能不全的动物慎用。

3. 妊娠及哺乳期动物禁用，幼龄及老龄动物慎用。

4. 对本品过敏及严重肝肾功能不全的动物禁用。

【规格】1 mL：75 mg

【用法与用量】仅限犬用。肌内注射，一次30~50 mg。本品不宜长期应用，退热疗程一般不超过3 d，镇痛不宜超过10 d。

安乃近片
Metamizole Sodium Tablets (Analgin Tablets)

【适应证】适用于高热时的紧急退热，也可用于头痛、偏头痛、肌肉痛、关节痛等对症治疗。

【不良反应】

1. 血液方面，可引起粒细胞缺乏症，发生率约1.1%，急性起病，重者有致命危险，亦可引起自身免疫性溶血性贫血、血小板减少性紫癜、再生障碍性贫血等。

2. 皮肤方面，可引起荨麻疹、渗出性红斑等过敏性表现，严重者可发生剥脱性皮炎、表皮松解症等。

3. 个别病例可发生过敏性休克，甚至导致死亡。

【禁忌证】对本品或氨基比林有过敏史动物禁用。

【注意事项】

1. 本品与阿司匹林有交叉过敏反应。

2. 本品一般不作首选用药，仅在急性高热、病情急重，又无其他有效解热药可用的情况下用于紧急退热。

3. 本品用药超过1周时应定期检查血象，一旦发生粒细胞减少，应立即停药。

4. 妊娠及哺乳期动物禁用，幼龄及老龄动物慎用。

【规格】0.5 g

【用法与用量】口服，每千克体重5~10 mg，最多一日3次。

安乃近注射液
Metamizole Sodium Injection

【适应证】同安乃近片。

【注意事项】不宜于穴位注射，尤其不适于关节部位注射，否则可能引起肌肉萎缩和关节机能障碍。

【规格】10 mL：3 g

【用法与用量】肌内注射，每千克体重5~10 mg。

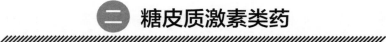

二 糖皮质激素类药

氢化可的松注射液
Hydrocortisone Injection

【适应证】肾上腺皮质功能减退症及垂体功能减退症，也用于过敏性和自身免疫性炎症性疾病。

【不良反应】本品在应用生理剂量替代治疗时一般无明显不良反应。不良反应多发生在应用药理剂量时，而且与疗程、剂量、用法及给药途径等有密切关系。常见不良反应有以下几类：

1. 长程使用可引起以下副作用：医源性库欣综合征表现体重增加、下肢水肿、紫纹、易出血倾向、创口愈合不良、肱或股骨头缺血性坏死、骨质疏松及骨折（包括脊椎压缩性骨折、长骨病理性骨折）、肌无力、肌萎缩、低血钾综合征、胃肠道刺激（恶心、呕吐）、胰腺炎、消化性溃疡或穿孔，幼龄动物生长受到抑制、青光眼、白内障、良性颅内压升高综合征、糖耐量减退和糖尿病加重。

2. 并发感染为肾上腺皮质激素的主要不良反应。以真菌、结核菌、葡萄球菌、变形杆菌、绿脓杆菌和各种疱疹病毒为主。

3. 糖皮质激素停药综合征：有时患病动物在停药后出现头晕、昏厥倾向、腹痛或背痛、低热、食欲减退、恶心、呕吐、肌肉或关节疼痛、头疼、乏力、软弱，经仔细检查如能排除肾上腺皮质功能减退和原来疾病的复燃，则可考虑为对糖皮质激素的依赖综合征。

【禁忌证】

1. 对本品及其他甾体激素过敏动物禁用。

2. 下列疾病患病动物一般不宜使用，特殊情况应权衡利弊使用，但应注意病情恶化可能：癫痫，活动性消化性溃疡病，新近胃肠吻合手术，骨折，创伤修复期，角膜溃疡，肾上腺皮质机能亢进症，高血压，糖尿病，抗菌药物不能控制的霉菌感染，较重的骨质疏松症等。

3. 妊娠期及哺乳期动物在权衡利弊情况下，尽可能避免使用。本品可通过胎盘。动物实验研究证实孕期给药可增加胚胎腭裂，胎盘功能不全、自发性流产和子宫内生长发育迟缓的发生率。可增加胎盘功能不全、新生儿体重减少或死胎的发生率。哺乳期用药：由于本品可由乳汁中排泄，对幼龄动物造成不良影响，如生长受抑制、肾上腺皮质功能抑制等。

【注意事项】

1. 急性细菌性或病毒性感染患病动物慎用。必要应用时，必须给予适当的抗感染治疗。

2. 长期服药后，停药前应逐渐减量。

3. 糖尿病、骨质疏松症、肝硬化、肾功能不良、甲状腺功能低下患病动物慎用。

4. 对有细菌、真菌、病毒感染动物，应在应用足量敏感抗菌药的同时谨慎使用。

【规格】5 mL：25 mg

【用法与用量】皮下、肌内注射，或静脉滴注，每千克体重2~4 mg，一日1次。必要时酌量增减，遵医嘱。

醋酸氢化可的松注射液
Hydrocortisone Acetate for Injection

【适应证】同氢化可的松。

【规格】5 mL：125 mg

【用法与用量】皮下、肌内注射，或静脉滴注，每千克体重2~4 mg，一日1次。必要时酌量增减，遵医嘱。

醋酸泼尼松片（醋酸强的松片）
Prednisone Acetate Tablets

【适应证】用于过敏性与自身免疫性炎症性疾病。适用于结缔组织病，系统性红斑狼疮，严重支气管哮喘，皮肌炎，血管炎等过敏性疾病，急性白血病，恶性淋巴瘤以及适用于其他肾上腺皮质激素类药物的病症等。

【不良反应】本品较大剂量易引起糖尿病、消化道溃疡和类库欣综合征症状，对下丘脑-垂体-肾上腺轴抑制作用较强。并发感染为主要的不良反应。

【禁忌证】【注意事项】参见氢化可的松。

【规格】5 mg

【用法与用量】口服，每千克体重2~4 mg，一日1次。必要时酌量增减，遵医嘱。

醋酸泼尼松龙注射液（醋酸强的松龙注射液）
Prednisolone Acetate Injection

【适应证】用于过敏性与自身免疫性炎症性疾病。现多用于活动性风湿、类风湿性关节炎，红斑狼疮，严重支气管哮喘，肾病综合征，血小板减少性紫癜，粒细胞减少症，各种肾上腺皮质功能不足，严重皮炎，急性白血病等，也用于某些感染的综合治疗。

【规格】5 mL：125 mg

【用法与用量】肌注或关节腔注射，每千克体重1~2 mg，一日1次。必要时酌量增减，遵医嘱。

地塞米松磷酸钠注射液
Dexamethasone Sodium Phosphate Injection

【适应证】主要用于过敏性与自身免疫性炎症性疾病。多用于结缔组织病、活动性风湿病、类风湿性关节炎、红斑狼疮、严重支气时严重哮喘、严重皮炎、溃疡性结肠炎、急性白血病等，也用于某些严重感染及中毒、恶性淋巴瘤的综合治疗。

【药理作用】肾上腺皮质激素类药。具有抗炎抗过敏、抗风湿、免疫抑制作用。本品能够抑制炎症细胞，包括巨噬细胞和白细胞在炎症部位的集聚，并抑制吞噬作用，溶酶体酶的释放以及炎症化学中介物的合成和释放。可以防止或抑制细胞介导的免疫反应，延迟性的过敏反应，减少T淋巴细胞、单核细胞、嗜酸性细胞的数目，降低免疫球蛋白与细胞表面受体的结合能力，并抑制白介素的合成与释放，从而降低T淋巴细胞向淋巴母细胞转化，并减轻原发免疫反应的扩展。

【药物相互作用】与巴比妥类、苯妥因、利福平同服，本品代谢促进作用减弱。与水杨酸类药合用，增加其毒性。可减弱抗凝血剂、口服降糖药作用，应调整剂量。

【不良反应】【禁忌证】【注意事项】参见氢化可的松。

【规格】（1）1 mL：2 mg （2）1 mL：5 mg

【用法与用量】静脉注射或皮下注射，每千克体重0.2~1 mg，一日1~2次。

注射用促皮质激素
Adrenocorticotropine for Injection

【适应证】用于活动性风湿病、类风湿性关节炎、红斑性狼疮等胶原性疾患。亦用于严重的支气管哮喘、严重皮炎等过敏性疾病及急性白血病等。

【药理作用】能刺激肾上腺皮质合成和分泌氢化可的松和皮质酮等，间接发挥糖皮质激素类药物的作用、本品在肾上腺皮质功能健全有效。作用与糖皮质激素相似，但起效慢而弱，水钠潴留作用明显。可引起过敏反应。内服无效。

【注意事项】

1. 本品粉针剂使用时不可用氯化钠注射液溶解，也不宜加入氯化钠中静脉点滴。

2. 由于促皮质素能使肾上腺皮质增生，因此促皮质素的停药较糖皮质类固醇容易，但应用促皮质素时皮质醇的负反馈作用，下丘脑-垂体-肾上腺皮质轴对应激的反应能力降低，促皮质素突然撤除可引起垂体功能减退，因而停药时也应逐渐减量。

3. 有下列情况应慎用：高血压、糖尿病、化脓性或霉菌感染、胃与十二指肠溃疡病及心力衰竭患病动物等。

【规格】（1）25 U （2）50 U

【用药与用量】肌内注射，5~20 U，一日1次（临用前，用5%葡萄糖注射液溶解）。

狄波美注射液
Methylprednisolone Acetate Sterile Aqueous Suspension Injection (Depo-medrol®)

【适应证】本品有效成分为Methylprednisolone，是一种抗炎肾上腺皮质类固醇。对于急性局部性关节炎和全身性关节炎病变能减轻疼痛和四肢麻痹。可成功治疗犬的创伤性关节炎、骨关节炎、全身性的关节疾病。狄波美在解除犬的过敏性皮炎、急性潮湿性皮炎、湿疹、荨麻疹、支气管气喘、花粉过敏症和外耳炎以及过敏性皮肤炎等皮肤病所造成的炎症和疼痛非常有效，效果可持续数天至六周。在因严重感染造成濒死的犬、猫（例如急性肺炎和子宫蓄脓），使用抗菌药的同时，配合使用狄波美能抑制炎症——譬如预防血管的塌陷，保持血管的完整性，修正动物对药物的反应，以及对于会造成并发症的腹水反应有减低作用。犬被蛇咬也可使用狄波美，因为它具有抗毒性、抗休克、抗炎作用，特别是在减轻肿胀和预防腐肉产生有良好效果。

【不良反应】【注意事项】参见氢化可的松。

【禁忌证】

1. 本品在下列疾病中禁止使用：严重的肺结核、胃溃疡、库欣综合征。

2. 本品在下列疾病中慎用：活性肺结核、糖尿病、软骨症、肾功能不全、血栓性静脉炎、高血压、心衰竭等。

3. 当出现急性感染时必须禁止局部性的注射，如滑膜内注射、腱内注射以及其他注射方式。

4. 在注射肾上腺皮质类固醇之后发现疼痛恶化、关节活动能力进一步丧失，且有发烧和疼痛等不适症状，代表动物有败血症现象，需立即实施抗感染治疗。

5. 低血钾症必须禁止使用这类药物。

【规格】（1）1 mL：20 mg　（2）1 mL：40 mg

【用法与用量】肌内注射，犬一次20~120 mg，猫一次10~20 mg，每周间隔注射或根据疾病的严重性和临床反应来调整。滑膜内注射，犬一次20 mg。

甲泼尼龙琥珀酸钠注射液（甲强龙注射液）
Methylprednisolone Sodium Succinate for Injection
(Solu-Medrol for Injection)

【**主要成分**】甲泼尼龙琥珀酸钠。

【**适应证**】本品主要用于抗炎，免疫抑制治疗，治疗休克，和内分泌失调等对症治疗。如急性过敏反应、中毒性休克等的急救。主要用于器官移植排异反应、免疫综合征，亦可用于原发性或继发性肾上腺皮质功能不全、手术休克等。

【**规格**】（1）40 mg （2）0.5 g

【**用法与用量**】静脉注射，作为对生命构成威胁情况的辅助药物时，推荐剂量为每千克体重30 mg，应至少用30 min静脉注射。根据临床需要，可于48 h内每隔4~6 h重复一次。免疫复合征，通常单独1次给予1 g，或采取隔日1 g，或连续3 d以内一日1 g。每次应至少用30 min给药，速度过快可引起心律失常。

曲安奈德注射液
Triamcinolone Acetonide Injection

【**适应证**】① 用于皮质类固醇类药物治疗的疾病，例如变态反应性疾病（用于患病动物处于严重虚弱状态，使用传统药物无效时）、皮肤病、弥漫性风湿性关节炎、其他结缔组织疾病。当口服皮质类固醇药物不可行时，肌肉内注射给药对于以上疾病疗效显著。② 曲安奈德可经关节内注射或囊内注射，还可直接进行腱鞘或关节囊给药。这种给药方式能够对疼痛、关节肿胀、僵直（这些症状是创伤、风湿性关节炎、骨关节炎、滑膜炎、黏液囊炎、腱炎的典型症状）给予有效的局部、短期治疗。在治疗弥漫性关节疾病时，关节内注射曲安奈德辅助传统方法的治疗。另一方面，在关节创伤或黏液囊炎等治疗条件受限制的条件下，关节内注射曲安奈德为治疗疾病提供了一种新的选择。

【**不良反应**】本品属于肾上腺皮质激素类药物。有肾上腺皮质激素类药可能产生的不良反应。

【**禁忌证**】本品与其他糖皮质激素类药物相同，不得用于活动性胃溃疡、结核病、急性肾小球炎或任何未为抗菌素所制止的感染。

【注意事项】用药期间应多摄取蛋白。对于感染性疾病应与抗菌药联合使用。虽然很少有病例报道对注射皮质激素过敏，但对于有药物过敏史的动物，在使用本品时，也应该用适当的方法防止过敏。

【规格】1 mL：40 mg

【用法与用量】肌内注射或皮下注射，每10 kg体重犬0.2~0.25 mL，猫每5 kg体重0.2 mL。

 # 三　盐皮质激素类药

去氧皮质酮新戊酸酯
Desoxycorticosterone Pivalate (DOCP)

【适应证】犬、猫肾上腺皮质机能减退。

【规格】1 mL：25 mg

【用法与用量】使用前摇晃，肌内注射，推荐起始剂量：每千克体重2.2 mg，一日1次，连用25 d。维持剂量：依症状和化验指标调整。

醋酸氟氢可的松片
Fludrocortisone Acetate Tablets

【适应证】用于急慢性肾上腺皮质功能不全，垂体前叶功能减退和肾上腺次全切除术后的补充替代疗法，也用于过敏性与自身免疫性炎症性疾病。

【规格】0.1 mg

【用法与用量】口服，一次量0.1~0.2 mg，一日1次。必要时酌量增减，遵医嘱。

四　抗肾上腺皮质药

曲洛斯坦
Trilostane

【适应证】肾上腺皮质抑制剂，仅用于犬。曲洛斯坦可用于治疗垂体依赖性肾上腺皮质机能亢进和肾上腺皮质肿瘤导致的肾上腺皮质机能亢进。目前临床用于治疗库欣综合征（皮质醇增多症）和原发性醛固酮增多症，但治疗库欣综合征（皮质醇增多症）的疗效不如美替拉酮。本品也有明显的降低血睾酮水平作用，可能与抑制其合成有关。

【不良反应】食欲下降、呕吐、腹泻、嗜睡，极少情况造成死亡。

【禁忌证】对该药过敏、原发的肝脏和肾脏疾病、妊娠动物禁用。

【注意事项】

1. 血管紧张素转换酶抑制剂与本品谨慎合用，因为两者都有降低醛固酮的作用，可能会造成动物维持正常电解、血容量和肾灌流的能力降低。

2. 保钾类利尿剂（如螺内酯）不能与本品合用，因为两者都抑制醛固酮，可能引发高血钾。

【规格】（1）10 mg　（2）30 mg　（3）60 mg

【用法与用量】犬口服，每千克体重1~5 mg，一日1次，需定期测定可的松水平。

第十部分

消化系统用药

一 健胃药与助消化药

干酵母片
Saccharated Yeast Tablets

【适应证】用于营养不良、消化不良、食欲不振及B族维生素缺乏症。

【药理作用】本品是啤酒酵母菌的干燥菌体，富含B族维生素，对消化不良有辅助治疗作用。干酵母富含B族维生素，含硫胺、核黄素和烟酸，此外还含有维生素B_6、维生素B_{12}、叶酸、肌醇以及转化酶、麦芽糖酶等。这些物质均是体内酶系统的重要组成物质，能参与体内糖、蛋白质、脂肪等的代谢和生物转化过程。

【不良反应】过量服用可致腹泻。

【注意事项】本品不能与碱性药物合用，否则维生素可被破坏。

【规格】0.2 g

【用法与用量】口服，一次1~2片，一日3次。

乳酶生片
Lactasin Tablets

【适应证】用于消化不良、肠内异常发酵和幼龄动物腹泻等。

【注意事项】

1. 制酸药、磺胺类或抗菌药与本品合用时，可减弱其疗效，故应分开服用（间隔3 h）。

2. 铋剂、鞣酸、活性炭、酊剂等能抑制、吸附或杀灭活肠球菌，故不能合用。

3. 如正在服用其他处方药药品，使用本品前请咨询医师或药师。

【规格】每片含乳酶生0.15 g

【用法与用量】口服，一次1~2片，一日3次。

多酶片
Multienzyme Tablets

【适应证】成分包括胰酶、胃蛋白酶，促进消化，增进食欲。用于胰腺疾病引起的消化障碍和胃蛋白酶缺乏或消化机能减退引起的消化不良、食欲缺乏。

【规格】每片含胃蛋白酶0.013 g，胰酶0.3 g

【用法与用量】口服，一次1~2片，一日3次。

地衣芽孢杆菌活菌胶囊（整肠生胶囊）
Bacillus Licheniformis Capsule

【主要成分】本品每粒含地衣芽孢杆菌活菌数不低于2.5亿。辅料为乳糖、淀粉。

【适应证】用于细菌或真菌引起的急、慢性肠炎、腹泻。也可用于其他原因引起的胃肠道菌群失调的防治。

【不良反应】超剂量服用可见便秘。

【注意事项】服用本品时应停用其他抗菌药物。

【规格】0.25 g（含2.5亿活菌）

【用法与用量】口服，一次量0.25~0.5 g，一日1~2次。

康肠健
Promax

【主要成分】蒙脱石黏土，乳酸肠球菌，中链脂肪酸，谷氨酰胺肽，酿酒酵母。

【适应证】适用于犬、猫因饮食改变、应激或使用抗菌药等原因引起的消化道不适。

【注意事项】避免冷藏，避光保存。

【规格】（1）9 mL （2）18 mL （3）30 mL

【用法与用量】口服，体重< 10 kg，一次3 mL；体重10~25 kg，一次6 mL；体重> 25 kg，一次10 mL；一日1次。

二 制酵药与消沫药

鱼石脂
Ichthammol

【适应证】用于胃肠道制酵，如胃肠鼓气、急性胃扩张等。

【药理作用】鱼石脂有较弱的抑菌作用和温和的刺激作用，口服能制止发酵、祛风和防腐，促进胃肠蠕动。外用具有局部消炎和刺激肉芽生长的作用。

【注意事项】临用前先加2倍量乙醇溶解，再用水稀释成3%~5%的溶液灌服。禁与酸性药物如稀盐酸、乳酸等混合使用。

【用法与用量】口服，犬、猫一次量1~3 g。

二甲硅油片（消胀片）
Dimeticone Tablets

【主要成分】每片含主要成分二甲硅油25 mg，氢氧化铝40 mg，葡萄糖300 mg。

【适应证】排气剂，能降低泡沫表面张力，消除胃道中泡沫，使泡沫中驻留的气体得以排除，从而缓解胀气。可用于各种原因引起的胃肠道胀气。

【药理作用】本品表面张力低，口服后能迅速降低瘤胃内泡沫液膜的表面张力，使小气泡破裂，融合成大气泡，随嗳气排出，产生消除泡沫的作用。本品消沫作用迅速，用药5 min内即产生效果，15~30 min作用最强。治疗效果可靠，几乎没有毒性。

【注意事项】多服药后1 h左右见效，但对非气性胃肠道膨胀感（如消化不良）无效，嚼碎服。

【规格】25 mg

【用法与用量】口服，饲喂前和临睡前给药，每千克体重1 mg，一日3~4次。

三 泻药与止泻药

硫酸钠
Sodium Sulfate

【适应证】用于大肠便秘，排除肠内毒物、毒素或驱虫药的辅助用药。

【注意事项】

1. 治疗大肠便秘时，硫酸钠的适宜浓度为4%~6%。

2. 不用于小肠便秘的治疗，因易继发胃扩张。

3. 肠炎宠物不宜用本品。

【用法与用量】口服，加水配成6%~8%溶液，犬一次量10~25 g，猫一次量2~4 g，用量根据患病动物情况而增减。

硫酸镁
Magnesium sulfate

【适应证】同硫酸钠。

【不良反应】导泻时如服用浓度过高的溶液，可从组织中吸取大量水分而脱水。

【注意事项】

1. 在某些情况（如机体脱水、肠炎等）下，镁离子洗后增多会产生毒副作用。

2. 中毒时可静脉注射氯化钙进行解救。

3. 其他参见硫酸钠。

【用法与用量】口服，配成6%~8%溶液，犬，一次量10~20 g。猫，一次量5~10 g，用量根据患病动物情况而增减。

酚酞片（果导片）
Phenolphthalein Tablets

【适应证】为刺激性泻药，口服后能刺激结肠黏膜，促进其蠕动，并阻止肠液被肠壁吸收而起缓泻作用，用于习惯性顽固便秘。

【药理作用】主要作用于结肠，口服后在小肠碱性肠液的作用下慢慢分解，形成可溶性钠盐，从而刺激肠壁内神经丛，直接作用于肠平滑肌，使肠蠕动增加，同时又能抑制肠道内水分的吸收，使水和电解质在结肠蓄积，产生缓泻作用。其作用缓和，很少引起肠道痉挛。

【不良反应】

1. 酚酞可干扰酚磺酞排泄试验（PSP），使尿色变成品红或橘红色，同时酚磺酞排泄加快。

2. 长期应用可使血糖升高、血钾降低。

3. 长期应用可引起对药物的依赖性。

【禁忌证】妊娠动物慎用，哺乳期动物禁用。幼龄动物禁用。阑尾炎、直肠出血未明确诊断、充血性心力衰竭、高血压、粪块阻塞、肠梗阻禁用。

【规格】0.1 g

【用法与用量】口服，每千克体重4 mg，用量根据患病动物情况而增减。

乳果糖口服液（杜秘克口服液）
Lactulose Oral Solution

【适应证】用于慢性或习惯性便秘，调节结肠的生理节律。肝性脑病，用于治疗和预防肝昏迷或昏迷前状态。

【注意事项】如果在治疗二、三天后，便秘症状无改善或反复出现，请咨询医生。本品如用于乳糖酶缺乏症患病动物，需注意本品中乳糖的含量。本品在便秘治疗剂量下，不会对糖尿病患病动物带来任何问题。本品用于治疗肝昏迷或昏迷前期的剂量较高，糖尿病患病动物应慎用。

【禁忌证】半乳糖血症，肠梗阻、急腹痛及其他导泻剂同时使用。对乳果糖及其组分过敏动物。

【规格】（1）15 mL （2）200 mL

【用法与用量】口服，一次量5~15 mL。本品易在早餐时一次服用。一至两天可取得临床效果。如两天后仍未见有明显效果，可考虑加量或咨询医生。推荐剂量的本品可用于妊娠及哺乳期动物。

液状石蜡
Liquid Paraffin

【适应证】用于小肠便秘、肠炎动物便秘。

【注意事项】不宜多次服用，以免影响消化，阻碍脂溶性维生素及钙、磷的吸收。

【用法与用量】口服，犬一次量10~30 mL。猫一次量5~10 mL，用量根据患病动物情况而增减。

鞣酸蛋白片
Aldumin Tannate Tablets

【适应证】临床上可用于治疗犬、猫的非细菌性腹泻和急性肠炎。

【药理作用】本品自身无活性，口服后在胃内不发生变化，也不起收敛作用，但到达肠内后遇碱性肠液则逐渐分解成鞣酸及蛋白，鞣酸与肠内的黏液蛋白生成薄膜，产生收敛、止泻作用。肠炎和腹泻时肠道内生成的鞣酸蛋白薄膜对炎症部位起消炎、止血及制止分泌作用。

【注意事项】治疗菌痢时应先控制感染。能影响胰酶、胃蛋白酶、乳酶生等的药效，不宜同服。

【规格】0.3 g

【用法与用量】口服，犬一次量0.3~2 g，用量根据患病动物情况而增减。

白陶土（达美健）
Kaolin

【适应证】吸附药。口服用于急、慢性腹泻。还可用于缓解食道、胃、十二指肠疾病引起的相关疼痛症状的辅助治疗。外用作敷剂和撒布剂的基质。本品不影响X线检查，不改变大便颜色，不改变正常的肠蠕动。

【药理作用】本品具有层纹状结构及非均匀性电荷分布，对消化道内的病毒、病菌及其产生的毒素有固定、抑制作用。对消化道黏膜有覆盖能力，并通过与黏液糖蛋白相互结合，从质和量两反面修复、提高黏膜屏障对攻击因子的防御功能。

【不良反应】偶见便秘，大便干结。

【注意事项】

1. 治疗急性腹泻，应注意纠正脱水。

2. 过量服用，易致便秘。

3. 如需服用其他药物，建议与本品间隔一段时间。

【规格】5 g

【用法与用量】拌粮、温水冲服或直肠给药，体重5 kg以下一日1~2.5 g，体重5 kg以上一日2.5~5 g，病情严重动物可加大剂量，或遵医嘱。

蒙脱石散（思密达）
Montmorillonite Powder (Smecta)

【适应证】主要用于急、慢性腹泻。但在必要时应同时治疗脱水。也用于食管炎及与胃、十二指肠、结肠疾病有关的疼痛的对症治疗。

【注意事项】本品可能影响其他药物的吸收，必须合用时应在服用思密达之前1 h服用其他药物。少数动物出现轻微便秘，可减少剂量继续服用。

【规格】3 g

【用法与用量】拌粮、温水冲服或直肠给药，一次量1~3 g，一日3次，病情严重动物可加大剂量，如治疗急性腹泻时首次剂量应加倍，或遵医嘱。

犬用泻易妥
Smectite Dog (Easypill)

【**主要成分**】蒙脱石，鸡肉粉，食欲增强剂。

【**适应证**】犬营养补充品，保护犬肠道黏膜、吸附毒素、降低动物脱水。

【**规格**】28 g

【**用法与用量**】仅限犬用。口服，体重12 kg以下犬，一次4 g；12~24 kg，一次8 g；24 kg以上，一次12 g。一日2次，连续使用5~7 d。

猫用泻易妥
Smectite Cat (Easypill)

【**主要成分**】【**适应证**】同犬用泻易妥。

【**规格**】2 g

【**用法与用量**】仅限猫用。口服，一次4 g，一日2次，连续使用5~7 d。

药用活性炭
Medicinal Charcoal Granules

【**适应证**】非细菌性肠炎和腹泻。

【**药理作用**】本品颗粒极小，并有很多微孔，表面积极大，因此具有强大的吸附作用。口服后能吸附肠内各种化学刺激物、毒物和细菌毒素等。同时，能在肠壁上形成一层药粉层，可减轻肠内容物对肠壁的刺激，使肠蠕动减少，从而起止泻作用。作为吸附药，用于腹泻、肠炎的腹泻。

【**注意事项**】能吸附其他药物和影响消化酶活性。

【**用法与用量**】口服，一次量0.3~2 g。

颠茄磺苄啶片（泻利停）

Belladonna Sulfamethoxazole and Trimerhoprim Tablets

【适应证】含活性成分磺胺甲恶唑、甲氧苄啶、颠茄流浸膏。常用于治疗痢疾杆菌引起的慢性菌痢和其他敏感致病菌引起的肠炎等。

【不良反应】

1. 过敏反应较为常见，偶见过敏性休克。

2. 中性粒细胞减少或缺乏症、血小板减少症及再生障碍性贫血。溶血性贫血及血红蛋白尿。高胆红素血症和新生动物黄疸。

3. 可致肝脏损害和肾脏损害。可发生结晶尿、血尿和管型尿。

4. 恶心、呕吐、胃纳减退、腹泻、头痛、乏力等，一般症状轻微。

5. 偶有动物发生艰难梭菌肠炎，此时需停药。甲状腺肿大及功能减退偶有发生。中枢神经系统毒性反应偶可发生，表现为精神错乱、定向力障碍、幻觉、欣快感或抑郁感。口干，视力模糊，心率加快，皮肤潮红，眩晕等。严重可致瞳孔散大、兴奋、烦躁。

【规格】每片含磺胺甲恶唑0.4 g、甲氧苄啶80 mg、颠茄流浸膏8 mg

【用法与用量】口服，一次1片，第一天服3次，以后一日2次，1～5 d一个疗程，继续服用需遵医嘱。

复方碱式碳酸铋片（犬强力止泻片）

Compound Bismuth Subcarbonte Tablets

【主要成分】安乃近，磺胺脒，碱式碳酸铋，高岭土，果胶，活性炭和碳酸钙。

【适应证】用于治疗多种原因引起的腹泻症状，包括：感染性（如病毒、细菌或寄生虫感染）腹泻。日粮不耐受性腹泻（如消化不良、食物变质及更换日粮引起的腹泻）。肠道运动紊乱性腹泻等。另外，本品对于肠黏膜损伤后的恢复，同样具有良好的效果。

【药理】安乃近是解热镇痛药物，对于肠道破损引起的腹泻有止痛和降温作用。磺胺脒又名磺胺咪，是最早的用于肠道感染的磺胺类抗菌药。碱式碳酸铋具有收敛、保护胃黏膜及抗菌作用，因其不溶于水，口服在胃黏膜创面形成一层保护膜，减轻食物对胃黏膜的刺激；

在肠内铋与硫化氢结合，在肠黏膜上形成不溶解的硫化铋（Bi2S3），使肠蠕动减慢；同时铋盐具有抑菌作用。高岭土又名白陶土，可以防止有毒物质在胃肠道的吸收，并对发炎的黏膜具有保护作用。果胶可转换为半乳糖醛酸，从而降低肠内的pH。活性炭主要起到吸附肠道气体、细菌、病毒、外毒素等，阻止其被肠道吸收或损害肠黏膜。

【不良反应】服用后偶见皮疹症状。安乃近和磺胺胍长期使用可以引起体内粒细胞水平降低。

【注意事项】仅用于宠物犬。碱式碳酸铋可引起患犬排黑色粪便，属正常现象。本品用药超过1周时应定期检查血象，一旦发生粒细胞减少，应立即停药。

【规格】（1）900 mg （2）2700 mg（以有效成分计）

【用法与用量】口服，直接喂服或用少量水调成黏稠混悬液体后灌服。犬每千克体重90 mg，一日1次，或分2次服用，连续服用3~5 d。

复方地芬诺酯片（止泻灵片）
Compound Diphenoxylate Tablets

【主要成分】盐酸地芬诺酯，硫酸阿托品。

【适应证】用于急慢性功能性腹泻及慢性肠炎。

【不良反应】不良反应少见，服药后偶见口干、恶心、呕吐、头痛、嗜睡、抑郁、烦躁、失眠、皮疹、腹胀及肠梗阻等，减量或停药后消失。

【规格】每片含盐酸地芬诺酯2.5 mg，硫酸阿托品25 mg

【用法与用量】口服，每10 kg体重1片，一日2~3次。

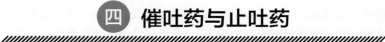

四 催吐药与止吐药

硫酸铜
Copper Sulfate

【适应证】催吐。

【用法与用量】口服，犬，一次量0.1~0.5 g。猫，一次量0.05~0.1 g。

犬、猫止吐宁注射液
Cerenia Solution for Injection for Dogs and Cats

【主要成分】每毫升含马罗吡坦（maropitant）10 mg。

【适应证】晕动症以及其他原因造成的呕吐。

【规格】20 mL：200 mg

【用法与用量】犬、猫皮下注射，每千克体重0.1 mL，一日1次，必要时可连续使用5 d。

半夏注射液（止吐灵注射液）
Banxia Injection

【主要成分】半夏，生姜，增效剂等。

【适应证】止吐药。主要用于犬、猫等动物的顽固性呕吐和预防运输中的呕吐，以及妊娠、神经性、胃肠道炎、细小病毒、犬瘟热等引起的呕吐。

【规格】2 mL

【用法与用量】肌内注射或皮下注射，小型犬和猫，一次量2 mL。中、大型犬，一次量4 mL。

溴米那普鲁卡因注射液（爱茂尔注射液）
Bromisovale and Procaine Injection

【适应证】止吐药，有镇静催眠作用，用于妊娠呕吐，神经性呕吐及晕车等所引起的呕吐等。

【规格】2 mL：溴米那2 mg，盐酸普鲁卡因3 mg，苯酚6 mg

【用法与用量】皮下、肌内注射，或口服，犬每千克体重0.04~0.08 mL，一日1次。猫每千克体重0.04 mL，一日1次。

盐酸甲氧氯普胺注射液（胃复安注射液）
Metoclopamide Dihydrochloride Injection

【适应证】止吐药。用于① 药物、放射线治疗、腹部器官疾病、脑部疾患（如脑肿瘤、脑震荡、偏头痛）、外科手术后、晕车等各种原因引起的恶心、呕吐。② 急性胃肠炎、胆道胰腺、尿毒症等各种疾患之恶心、呕吐症状的对症治疗；对于胃胀气性消化不良、食欲不振、嗳气、恶心、呕吐也有较好的疗效。③ 诊断性十二指肠插管前用，有助于顺利插管；胃肠钡剂X线检查，可减轻恶心、呕吐反应，促进钡剂通过。④ 糖尿病性胃轻瘫、胃下垂、幽门梗阻、胆汁反流性胃炎辅助治疗。⑤ 本品的催乳作用可试用于乳量严重不足的动物。⑥ 可用于胆道疾病和慢性胰腺炎的辅助治疗。

【不良反应】

1. 神经系统：倦怠、嗜睡、头晕。可致精神症状、严重忧郁、静坐不能。

2. 消化系统：便秘、腹泻。

3. 其他：皮疹、注射给药可引起直立性低血压。

【禁忌证】过量引起中毒。怀孕动物禁用。对该药过敏和消化道出血、阻塞、穿孔动物禁用。癫痫、患嗜铬细胞瘤的动物慎用。

【注意事项】

1. 醛固酮与血清催乳素浓度可因甲氧氯普胺的使用而升高。

2. 严重肾功能不全患病动物剂量至少须减少。

3. 静脉注射甲氧氯普胺须慢，快速给药可出现燥动不安，随即进入昏睡状态。

4. 因本品可降低西咪替丁的口服生物利用度，若两药必须合用，间隔时间至少要1 h。

5. 本品遇光变成黄色或黄棕色后，毒性增高。

【规格】1 mL：10 mg

【用量与用法】皮下或肌内注射，每千克体重0.2~0.4 mg，隔6~8 h重复。肾功能不全动物剂量减半。

甲氧氯普胺片（胃复安片）
Metoclopramide Tablets

【适应证】同盐酸甲氧氯普胺注射液。

【不良反应】同盐酸甲氧氯普胺注射液。

【禁忌证】同盐酸甲氧氯普胺注射液。

【规格】5 mg

【用法与用量】口服，每千克体重0.2~0.4 mg，一日3~4次。

五 抑酸药

西咪替丁注射液
Cimetidine Injection

【适应证】用于胃酸过多引起的胃溃疡和十二指肠溃疡，也可治疗和预防短期治疗后的复发。

【药理作用】有显著抑制胃酸分泌的作用，能明显抑制基础和夜间胃酸分泌，也能抑制由组胺、分肽胃泌素、胰岛素和食物等刺激引起的胃酸分泌，并使其酸度降低，对因化学刺激引起的腐蚀性胃炎有预防和保护作用，对应激性胃溃疡和上消化道出血也有明显疗效。

【不良反应】最常发生的副作用是腹泻、乏力、皮疹，偶见肝炎、发热、间质性肾炎和胰腺炎，停药后可恢复。

【禁忌证】对该药过敏动物禁用。妊娠及哺乳期动物、老龄动物和严重肝、肾衰竭动物慎用。

【注意事项】不宜用于急性胰腺炎。用药期间注意检查肾功能和血常规。避免本品与中枢抗胆碱药同时使用，以防加重中枢神经毒性。

【规格】2 mL：0.2 g

【用法与用量】肌内注射、静脉注射或静脉滴注，每千克体重5 mg，隔6 h用1次。

盐酸雷尼替丁
Ranitidine Hydrochloride

【适应证】用于胃酸过多引起的胃溃疡和十二指肠溃疡，抑制胃酸分泌作用比西咪替丁强约5倍，且毒副作用较轻，作用维持时间较长。

【不良反应】便秘、皮疹，一般在继续治疗时可消退。

【禁忌证】禁用于对该药过敏的动物。肾衰竭动物慎用。

【规格】（1）150 mg （2）1 mL：50 mg（以雷尼替丁计）

【用法与用量】口服或肌内注射，每千克体重1~2 mg，一日2次。

法莫替丁
Famotidine

【适应证】用于胃及十二指肠溃疡、吻合口溃疡、反流性食管炎、上消化道出血（消化性溃疡、急性应激性溃疡、出血性胃炎所致）。

【禁忌证】肾衰竭或肝病、有药物过敏史动物慎用。怀孕动物慎用，哺乳期动物使用时应停止哺乳。幼龄动物慎用。肝、肾功能不全者慎用。

【注意事项】应排除肿瘤及胃癌后才能使用本品。

【规格】（1）20 mg （2）2 mL：20 mg

【用法与用量】口服或静脉滴注，用5%的葡糖糖稀释，每千克体重0.4 mg。

奥美拉唑肠溶片
Omeprazole Enteric-Coated Tablets

【适应证】适用于胃溃疡、十二指肠溃疡、应激性溃疡、反流性食管炎及卓-艾氏综合征（胃泌素瘤）。

【药理作用】选择性地作用于胃黏膜壁细胞，抑制处于胃壁细胞顶端膜构成的分泌性微管和胞浆内的管状泡上的$H^+–K^+–ATP$酶的活性，从而有效地抑制胃酸的分泌。

【不良反应】偶见腹泻、头痛、便秘、腹痛、恶心、呕吐、腹胀、关节痛、肌痛、肌无力等现象，有肾脏泌尿系统现象出现，间质性肾炎，偶见血清氨基酸转移酶（丙氨酸氨基转移酶、AST）增高、胆红素增高、皮疹、眩晕、嗜睡、失眠等反应。

【禁忌证】对本品过敏动物禁用。严重肝肾功能不全的动物慎用。幼龄动物禁用。

【注意事项】当怀疑胃溃疡时，应首先排除胃癌的可能性，因使用本品治疗可减轻其症状，从而延误诊断。肝肾功能不全的动物慎用。

【规格】10 mg

【用法与用量】口服，每千克体重2 mg，一日1次，疗程一般为4~8周。

注射用奥美拉唑钠
Omeprazole Sodium for Injection

【适应证】作为当口服疗法不适用时十二指肠溃疡、胃溃疡、反流性食管炎及卓-艾氏综合征的替代疗法。

【不良反应】同奥美拉唑钠肠溶片。

【禁忌证】同奥美拉唑钠肠溶片。

【规格】40 mg

【用法与用量】肌内注射或静脉注射，溶于0.9%氯化钠注射液或5%葡萄糖注射液中，每千克体重2 mg，一日1次。最长持续使用8周。

胃肠解痉药与促动力药

颠茄片（胃肠解痉药）
Belladonna Tablets

【适应证】用于缓解胃肠道平滑肌痉挛、抑制腺体分泌。

【不良反应】较常见的有：口干、便秘、出汗减少、口鼻咽喉及皮肤干燥、视力模糊、排尿困难。少见的情况有眼睛痛、眼压升高、过敏性皮疹及疱疹。

【禁忌证】青光眼动物禁用。哺乳期动物禁用。

【规格】10 mg

【用法与用量】口服，每10 kg体重1片。疼痛时服。必要时4 h后可重复1次。

甲氧氯普胺（胃复安）
Metoclopramide

胃肠促动力药。参见第十部分止吐药。

西沙必利片
Cisapride Tablets

【适应证】用于对其他治疗不耐受或疗效不佳的严重胃肠道动力性疾病，如慢性特发性或糖尿病性胃轻瘫、慢性假性肠梗阻、胃食管反流病等。

【不良反应】一般不良反应，可能发生一过性的腹部痉挛、肠鸣和腹泻。偶尔发生过敏反应（包括皮疹、荨麻疹和瘙痒）、一过性的轻微头痛或头晕。也有与剂量增加有关的尿频报道。

有极罕见的QT间期延长和/或严重（个别致命性）室性心律失常的病例报道，如尖端扭转型室速、室性心动过速和心室纤颤。这些病例中的多数患者接受了合并药物（包括CYP3A4酶抑制剂）的治疗，或患有心脏疾病，或具有心律失常的危险因素。

极罕见的不良反应：有个别病例发生惊厥性癫痫和锥体外系反应；可逆性的伴有或不伴有胆汁淤积的肝功能异常和支气管痉挛；可逆性的高催乳素血症、雄性动物雌性型乳房和溢乳。

【禁忌证】

1. 已知对本品过敏动物禁用。

2. 禁止同时口服或非肠道使用强效抑制CYP3A4酶的药物，包括：三唑类抗真菌药、大环内酯类抗菌药、HIV蛋白酶抑制剂、奈法唑酮。

3. 心脏病、心律失常、心电图QT间期延长动物禁用，禁止与引起心电图QT间期延长的药物一起使用。

4. 有水、电解质紊乱的患病动物禁用，特别是低血钾或低血镁动物禁用。

5. 心动过缓动物禁用。患有其他严重心脏节律性疾病动物禁用。非代偿性心力衰竭患病动物禁用。先天QT间期延长或有先天QT间期延长综合征家族史动物禁用。

6. 肺、肝、肾功能不全动物禁用。禁用于增加胃肠道动力可造成危害的疾病（如胃肠梗阻）患病动物。

7. 对早产新生儿，不建议使用本品治疗。

【规格】5 mg

【用法与用量】口服，每千克体重0.1~0.2 mg，一日3次。

七　抗感染药和黏膜保护药

盐酸小檗碱片（盐酸黄连素片）
Berberine Hydrochloride Tablets

【适应证】用于肠道感染，如胃肠炎、痢疾。

【药理作用】本品为毛茛科植物黄连根茎中所含的一种主要生物碱，可由黄连、黄柏或三棵针中提取，也可人工合成，对细菌只有微弱的抑菌作用，但对痢疾杆菌、大肠杆菌引起的肠道感染有效。

【不良反应】口服不良反应较少，偶有恶心、呕吐、皮疹和药热，停药后消失。

【禁忌证】溶血性贫血患病动物及葡萄糖-6-磷酸脱氢酶缺乏动物禁用。

【规格】0.1 g

【用法与用量】口服，每10 kg体重1片，一日3次。

柳氮磺吡啶肠溶片
Sulfasalazine Enteric-Coated Tablets

【适应证】主要用于炎症性肠病，如溃疡性结肠炎。

【注意事项】本品为磺胺类抗菌药，口服不吸收。应用磺胺药期间多饮水，保持高尿流量，以防结晶尿的发生，必要时亦可服碱化尿液的药物。如应用本品疗程长，剂量大时宜同服碳酸氢钠并多饮水，以防止此不良反应。治疗中至少每周检查尿常规2~3次，如发现结晶尿或血尿时给予碳酸氢钠及饮用大量水，直至结晶尿和血尿消失。失水、休克和老龄动物应用本品易致肾损害，应慎用或避免应用本品。

【规格】250 mg

【用法与用量】口服，每千克体重每日40~60 mg，分3~6次口服。病情缓解后改为维持量每千克体重每日30 mg，分3~4次口服。

复方硫糖铝片
Compound Sucralfate Tablet

【主要成分】硫糖铝，阿莫西林克拉维酸钾，维生素B_2。

【适应证】治疗由于胃肠炎、异物吞食、药物因素等原因引起的犬、猫消化性溃疡，如胃溃疡、十二指肠溃疡等。

【药理作用】硫糖铝与胃或十二指肠内的盐酸反应并在溃疡点形成不溶物屏障，保护溃疡不受胃蛋白酶、胃酸或胆汁的进一步损害。阿莫西林克拉维酸钾对因产生 β –内酰胺酶导致的阿莫西林耐药菌有杀灭作用。维生素B_2是细胞生长必不可少的一类物质。

【注意事项】

1. 仅用于宠物犬、猫。

2. 使用后剩余部分请勿留用。

3. 请勿让动物偷食。

【规格】（1）120 mg （2）600 mg

【用法与用量】口服，每千克体重60 mg，一日3次，5~10 d为一疗程。

八　营养补充药

口服补液盐
Oral Rehydration Salts

【适应证】补充体液，对急性腹泻脱水疗效显著，常作为静脉补液后的维持治疗用。

【注意事项】不宜浓度过大，应溶于大量水中。

【规格】27.5 g

【用法与用量】灌服、自饮或胃管滴注，27.5 g溶于1000 mL水中，轻度脱水，每千克体重每日30~50 mL，中、重度脱水，每千克体重每日80~110 mL，于4~6 h内服完或滴完。腹泻停止，应立即停服，以防止出现高钠血症。对有呕吐而口服困难的动物，可采用直肠输注法，输注宜缓慢，一般于4~6 h内补完累积损失量。

至宠营养液
Queen's Pet Nutri-Plus Solution

【适应证】用于食欲不振、腹泻呕吐、营养不良、哺乳期、病愈或手术后，营养补充来源，可帮助生长，强健体格，保养皮毛，口味绝佳，最适合诱导服药，刺激食欲。

【规格】30 mL

【用法与用量】口服，滴于舌尖，或拌入食物中，保养期每次半滴管，一日2次。康复期每次1 mL，一日2次。

营养膏
Nutri-Plus Gel Paste

【适应证】用于偏食、体弱等营养不良的犬、猫，能迅速给补充营养，增强抵抗力。也用于成长期幼犬，日常消耗量大的工作犬，炎热天气食欲不佳，高龄胃肠功能低下，以及疾病、手术后恢复期的犬、猫，有助于宠物健康。

【规格】120 g

【用法与用量】口服，每千克体重1~2 mg。

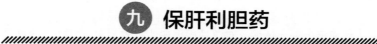

九 保肝利胆药

注射用促肝细胞生长素（肝复肽注射液）
Hepatocyte Growth-Promoting Factors for Injection

【适应证】用于各种重型病毒性肝炎（急性、亚急性、慢性重症肝炎的早期或中期）的辅助治疗。

【药理作用】本品系从新鲜乳猪或未哺乳新生牛肝脏中提取纯化制备而成的小分子多肽类活性物质，具备以下生物效应：

1. 能明显刺激新生肝细胞的DNA合成，促进损伤的肝细胞线粒体、粗面内质网恢复，促进肝细胞再生，加速肝脏组织的修复，恢复肝功能。

2. 改善肝脏枯否细胞的吞噬功能，防止来自肠道的毒素对肝细胞的进一步损害，抑制肿瘤坏死因子（TNF）活性和Na^+，K^+–ATP酶活性抑制因子活性，从而促进肝坏死后的修复。同时具有降低转氨酶、血清胆红素和缩短凝血酶原时间的作用。

3. 对四氯化碳诱导的肝细胞损伤有较好的保护作用。

4. 对D–氨基半乳糖诱致的肝衰竭有明显的提高存活力的作用。

【不良反应】个别病例可能会出现低热和皮疹。

【禁忌证】对本品过敏动物禁用。

【注意事项】

1. 本品使用应以针对重型肝炎的综合治疗为基础。

2. 谨防过敏反应，过敏体质者慎用。

3. 现用现溶，溶后为淡黄色透明液体，如有沉淀、混浊禁用。

4. 冻干制品已变棕黄色时忌用。

5. 肌肉注射用的制剂不能用于静脉点滴。

【规格】20 mg

【用法与用量】肌内注射，溶解于4 mL 0.9%氯化钠注射液，犬每千克体重2 mg，一日2次。静脉滴注，溶于5%葡萄糖溶液，一次10~20 mg，缓慢静脉滴注，一日1次。

葡醛酸钠注射液（肝泰乐注射液）
Sodium Glucuronic Acid for Injection

【适应证】主要用于急慢性肝炎、早期肝硬化、食物及药物中毒。也用于关节炎及胶原性疾病。

【药理作用】肝泰乐进入机体后可与含有羟基或羧基的毒物结合，形成低毒或无毒结合物由尿排出，有保护肝脏及解毒作用。另外，葡萄糖醛酸可使肝糖原含量增加，脂肪储量减少。

【不良反应】偶有面红、轻度胃肠不适，减量或停药后即消失。

【注意事项】该药品为肝病辅助治疗药，第一次使用该药品前应咨询医师。治疗期间应定期到医院检查。对该药品过敏动物禁用，过敏体质动物慎用。如正在使用其他药品，使用该药品前请咨询医师。

【规格】2 mL : 133 mg

【用法与用量】肌内注射或静脉注射，每千克体重0.1 mL，一日1次。

葡醛内酯片（肝泰乐片）
Glucurolactone Tablets

【适应证】用于急、慢性肝炎的辅助治疗，对食物或药物中毒时保肝及解毒时有辅助作用。

【药理作用】【不良反应】【注意事项】同肝泰乐注射液。

【规格】50 mg

【用法与用量】口服，每10 kg体重1片，一日3次。

恩妥尼片
Zentonil Tablets

【主要成分】S–腺苷甲硫氨酸。

【适应证】急性或突然发作（肝中毒），肝硬化或肝炎。

【注意事项】空腹喂食（餐后1~2 h），片剂勿切割或磨碎。

【规格】（1）100 mg （2）200 mg（以S–腺苷基蛋氨酸计）

【用法与用量】口服，每千克体重20 mg，一日1次，可长期使用。

维肝素注射液
Thiabex Solution for Injection

【主要成分】B族维生素，肝提取物等。

【适应证】治疗犬、猫B族维生素缺乏引起的糖、脂肪和氨基酸代谢紊乱，以及在感染病毒和细菌期间引起的食欲不振和应激反应，具有保肝、护肝等功能。

【用法与用量】皮下或肌内注射，每千克体重0.1 mg，一日1次。

螺内酯片
Spironolactone Tablets

【适应证】用于水肿性疾病，与其他利尿药合用，治疗充血性水肿、肝硬化腹水、肾性水肿等水肿性疾病，其目的在于纠正上述疾病时伴发的继发性醛固酮分泌增多，并对抗其他利尿药的排钾作用。也用于特发性水肿的治疗。作为治疗高血压的辅助药物。治疗原发性醛固酮增多症，螺内酯可用于此病的诊断和治疗。低钾血症的预防，与噻嗪类利尿药合用，增强利尿效应和预防低钾血症。对于患有低钾血症性心力衰竭的动物效果显著。慎用于肾脏及肝脏功能不全的动物。

【药理作用】醛固酮受体颉颃剂。作用于远曲小管，阻断Na^+的重吸收，有较弱的保钾效果。作用于心肌和瓣膜阻断醛固酮介导的纤维化和重构。

【不良反应】可能发生低钠血症高钾血症。发生高钾血症时需停止用药。未绝育公犬可能发生可逆性前列腺萎缩。

【禁忌证】

1. 禁用于患有低醛固酮症，高钾血症或低钠血症的动物。

2. 不可与NSAIDs联合用于肾功能不全的动物。

3. 不可用于妊娠期、哺乳期或计划将要配种的动物。

【规格】20 mg

【用法与用量】口服，每千克体重1~2 mg，一日1次。

乳果糖口服液（杜秘克口服液）
Lactulose Oral Solution

【适应证】用于慢性或习惯性便秘，调节结肠的生理节律。肝性脑病，用于治疗和预防肝昏迷或昏迷前状态。

【注意事项】【禁忌证】参见消化系统药物泻药。

【规格】（1）15 mL　（2）200 mL

【用法与用量】口服，一次量5~15 mL。本品易在早餐时一次服用。一至两天可取得临床效果。如两天后仍未见有明显效果，可考虑加量或咨询医生。推荐剂量的本品可用于妊娠及哺乳期动物。

肌苷
Inosine

【适应证】用于各种类型的肝脏疾患、心脏疾患、白细胞或血小板减少症、中心视网膜炎、视神经萎缩等。

【不良反应】偶见胃部不适，静脉注射可出现颜面潮红、恶心、胸部灼热感。

【规格】（1）2 mL：100 mg　（2）0.2 g

【用法与用量】口服或肌内注射，一次量25~50 mg。

复方甘草酸单胺注射液（强力宁注射液）
Compound Ammonium Glycyrrhetate Injection

【主要成分】每支含甘草酸单胺40 mg，L-半胱氨酸盐酸盐32 mg，甘氨酸400 mg。

【适应证】用于慢性迁延性肝炎、慢性活动性肝炎、急性肝炎、肝中毒、初期肝硬化，亦可用于中毒以及过敏性疾患。

【药理作用】能使血清γ-干扰素量增加，能减轻肝细胞变性坏死，防止脂肪性变，阻止肝纤维化形成，促使肝细胞恢复，并有解毒、抗炎、抗过敏作用。

【规格】20 mL：40 mg

【用法与用量】静脉滴注，每千克体重1~2 mL，加入5%葡萄糖或0.9%氯化钠250~500 mL注射液稀释后，缓慢滴注，一日1次。

复方甘草酸苷胶囊
Compound Glycyrrhizin Capsules

【适应证】治疗慢性肝病，改善肝功能异常，可用于治疗湿疹、皮肤炎、斑秃。

【规格】18 mg

【用法与用量】口服，每20 kg体重1粒，饲喂后服用。可依体型、症状适当增减。

复方甘草酸苷注射液
Compound Glycyrrhizin Injection

【适应证】治疗慢性肝病，改善肝功能异常，也可用于治疗湿疹、皮肤炎、荨麻疹。

【规格】20 mL

【用法与用量】静脉注射，每千克体重1 mL，可依体型、症状适当增减。

茵栀黄注射液
Yinzhihuang Injection

【主要成分】茵陈提取物，栀子提取物，黄芩苷，金银花提取物（以绿原酸计）。辅料为无水葡萄糖，葡甲胺，甘油。

【适应证】清热，解毒，利湿，退黄。用于肝胆湿热，面目悉黄，胸胁胀痛，恶心呕吐，小便黄赤。急性、迁延性、慢性肝炎。

【规格】10 mL

【禁忌证】对本品有过敏反应或严重不良反应的动物禁用。

【用法与用量】静脉滴注，一次量10~20 mL，用10%葡萄糖注射液250~500 mL稀释后滴注。症状缓解后可改用肌内注射，一次量2~4 mL，一日1次。

肝利健胶囊
Ganlijian Capsules

【主要成分】水飞蓟素，葡萄糖醛酸内酯，牛磺酸等。

【适应证】用于急慢性肝炎、肝损伤及食物药物中毒的解毒。

【规格】（1）5 mg （2）20 mg

【用法与用量】口服，每千克体重1 mg，一日2次。

保肝益心康片
Baogan Yixin Kang Tablets

【主要成分】L–肉碱250 mg，牛磺酸100 mg，泛酸8mg，维生素A 900 U等。

【适应证】有效减低胆固醇及甘油三酯，改善心肌代谢机能，预防心衰、心率失常、弥散性血管内凝血的发生。预防包括脂肪肝，肝硬化在内的肝病。

【用法与用量】犬、猫每5 kg体重1片，一日2~3次。

苷必利片剂
Vetplus Samylin Tablets

【主要成分】每片含S–腺苷甲硫氨酸，维生素E，维生素C，水飞蓟素。

【适应证】适用于发生肝脏疾病的犬和猫，帮助维持健康的肝脏功能，减少肝功能不全继发的机体损伤。

【规格】（1）0.34 g （2）0.94 g （3）1.47 g

【用法与用量】将袋中内容物拌于日粮中饲喂。

1. 小型犬、猫体重小于5 kg，一日1 g（1 g×1袋），5~10 kg，一日2 g（1 g×2袋）。

2. 中型犬11~20 kg，一日4 g（4 g×1袋），21~30 kg，一日8 g（4 g×2袋）。

3. 大型犬31~40 kg，一日10.6 g（5.3 g×2袋），41~50 kg，一日16.5 g（5.3 g×3袋）。

熊去氧胆酸片
Ursodeoxycholic Acid Tablets

【适应证】用于胆固醇型胆结石，形成及胆汁缺乏性脂肪泻，也可用于预防药物性结石形成及治疗脂肪痢（回肠切除术后）。

【规格】50 mg

【用法与用量】口服，每千克体重8~10 mg，一日1次或早晚饲喂时分次给予，疗程最短为6个月。

利派斯胶囊
LYPEX Capsules

【主要成分】脂肪酶，淀粉酶，蛋白酶。

【适应证】用于犬、猫胰外分泌腺功能不全，胰腺炎等消化吸收不良的症状。

【用法与用量】将胶囊打开内容物加入食物中混匀。不可整粒吞服。推荐剂量，体重小于10 kg，一日1粒；体重大于10 kg，一日2粒。将一日用量平均分成数份（随喂食次数改变），配合食物使用或遵医嘱。

第十一部分

呼吸系统用药

祛痰镇咳药

盐酸氨溴索注射液（沐舒坦注射液）
Ambroxol Hydrochloride Injection (Mucosolvan Injection)

【适应证】适用于伴有痰液分泌不正常及排痰功能不良的急性、慢性肺部疾病。例如慢性支气管炎急性加重、喘息型支气管炎及支气管哮喘的祛痰治疗。

【不良反应】沐舒坦通常能很好耐受，曾有轻度的胃肠道副作用报道，主要为胃部灼热、消化不良和偶尔出现恶心、呕吐，过敏反应极少出现。

【禁忌证】已知对盐酸氨溴索或其他配方成分有过敏史的患病动物不宜使用。

【注意事项】怀孕动物慎用。

【规格】2 mL：15 mg

【用法与用量】皮下或静脉注射，每千克体重1~2 mg，一日1次。

盐酸溴己新片
Bromhexine Hydrochloride Tablets

【适应证】用于急、慢性支气管炎，支气管扩张等有大量黏痰而不易咯出的动物。

【药理作用】本品直接作用于支气管腺体，能使黏液分泌细胞的溶酶体释出，从而使黏液中的黏多糖解聚，降低黏液的黏稠度。还能引起呼吸道分泌黏性低的小分子黏蛋白，使痰液变稀，易于咳出。

【不良反应】偶有恶心，胃部不适。可能使血清转氨酶暂时升高。

【注意事项】对本品过敏动物禁用。本品对胃肠道黏膜有刺激性，胃溃疡动物慎用。当药品性状发生改变时禁止使用。

【规格】8 mg

【用法与用量】口服，每20 kg体重1片，一日3次。

复方甘草片
Compound Liquorice Tablets

【主要成分】每片含甘草浸膏粉112.5 mg，阿片粉或罂粟果提取物粉4 mg，八角茴香油2 mg，苯甲酸钠2 mg。

【适应证】镇咳祛痰。

【注意事项】本品不宜长期服用。胃炎及胃溃疡动物慎用。

【规格】0.3 g

【用法与用量】口服，一次量1~2片，一日3次。

甘胆口服液（果根素口服液）
Gan Dan Oral Solution

【主要成分】板蓝根，甘草，人工牛黄，猪胆粉，冰片等。

【适应证】镇咳、平喘、祛痰、抗病毒。适用于细菌性及病毒性呼吸道疾病辅助治疗。

【药理作用】镇咳、平喘、祛痰作用。其成分中的胆酸钠能直接扩张支气管，作用持久，起到平喘的作用。胆酸、胆酸钠、去氧胆酸与鹅去氧胆酸钠都有明显的镇咳和祛痰的作用。抗炎作用产品中的甘草酸可通过抑制花生四烯酸水解所需的磷脂酶A_2来抑制前列腺素等炎性介质的合成与释放。抗病毒作用甘草酸不仅能抑制病毒的复制，而且还在病毒复制的早期抑制病毒的吸附和穿膜。尿苷、尿嘧啶、次黄嘌呤等成分同时还能干扰病毒的DNA、RNA的复制，从而抑制病毒的增殖，起到保护细胞免受病毒损害的作用。辅助治疗犬副流感、犬传染性支气管炎以及犬，猫感冒等环境气候突变引起的上呼吸道疾病，尤其对爆发性窝咳（传染性气管支气管炎）有良好控制作用。可有效缓解由细菌性及病毒性呼吸道疾病引起的单发或群发咳嗽、气喘、流鼻涕等呼吸道症状。

【规格】100 mL

【用法与用量】口服，直接喂服或拌粮，每千克体重1~1.5 mL，一日2次，或遵医嘱。

鱼腥草注射液
Yuxingcao Injection

【适应证】清热解毒、消痈排脓、利尿通淋。用于肺痈吐脓，痰热喘咳、热淋、痈肿疮毒。

【注意事项】偶见过敏反应，主要为皮疹，停药后自行缓解。

【规格】10 mL

【用法与用量】口服或肌内注射，一次2~4 mL，一日2~3次。

咳喘宁口服液
Kechuanning Oral Solution

【主要成分】麻黄，石膏，苦杏仁，桔梗，百部，罂粟壳，甘草。

【适应证】宣通肺气，止咳平喘。用于久咳、痰喘见痰热证候动物，症见咳嗽频作、咯痰色黄、喘促胸闷。

【禁忌证】妊娠及哺乳期动物禁用。

【注意事项】

1. 不宜在服药期间同时服用滋补性中药。

2. 高血压、心脏病患动物慎服，有支气管扩张，肺脓疡、肺心病、肺结核患动物出现咳嗽，气喘时应去医院就诊。

3. 本品不宜长期服用，服药3 d症状无缓解，应去医院就诊。

4. 本品性状发生改变时禁止使用。

5. 如正在使用其他药品，使用本品前请咨询医师或药师。

【规格】10 mL

【用法与用量】口服，每千克体重1~2 mL，一日2~3次。

可愈糖浆
Keyu Tangjiang

【主要成分】每100 mL含磷酸可待因0.2 g，愈创木酚甘油酯2 g。

【适应证】镇咳祛痰药，用于感冒、流行性感冒及器官炎、支气管炎、咽炎、喉炎、肺炎等病引起的咳嗽。

【注意事项】偶有恶心、胃肠不适、便秘。

【规格】（1）60 mL （2）100 mL

【用法与用量】口服，一次量2~10 mL，一日2~3次。

强力枇杷露
Qiangli Pipa Lu

【主要成分】枇杷叶，罂粟壳，百部，白前，桑白皮，桔梗，薄荷脑，辅料为蔗糖，防腐剂（苯甲酸钠）。

【适应证】养阴敛肺，止咳祛痰。用于支气管炎咳嗽。

【禁忌证】妊娠及哺乳期动物禁用；糖尿病患病动物禁服。

【注意事项】该药品不宜长期服用，服药3 d症状无缓解，应去医院就诊。严格按用法与用量服用，年老体弱动物应在医师指导下服用。对该药品过敏动物禁用，过敏体质慎用。

【规格】100 mL

【用法与用量】口服，犬一次5~10 mL，一日3次。猫一次2~4 mL，一日3次。

标准桃金娘油肠溶胶囊
Biaozhun Taojinniangyou Changrong Capsules

【主要成分】标准桃金娘油。

【适应证】用于急、慢性鼻炎、鼻窦炎和支气管炎。

【不良反应】本品即使在使用大剂量时亦极少发生不良反应。极个别有胃肠道不适及原有的肾结石和胆结石的移动。偶有过敏反应，如：皮疹、面部水肿、呼吸困难和循环障碍。

【禁忌证】对本品有过敏反应者不宜使用。

【注意事项】犬可耐受大于2000 mg/kg的口服剂量而无严重的不良反应发生。即使无意中服用了该药，标准桃金娘油的不良反应也极少，高剂量的中毒反应有：头晕、恶心、腹痛，严重时可出现昏迷和呼吸障碍。严重中毒后罕见有心血管并发症。解救措施：使用液体石蜡3 mL/kg体重；5%碳酸氢钠溶液洗胃，并吸氧。

【规格】每粒含120 mg标准桃金娘

【用法与用量】口服，急性患病动物：一次1粒，一日3~4次。慢性患病动物：一次1粒，一日2次。

碘化钾片
Potassium Iodide Tablets

【适应证】适用于地方性甲状腺肿的预防与治疗，甲状腺功能亢进症手术前准备及甲状腺亢进危象。亦可用于慢性支气管炎。

【不良反应】

1. 过敏反应，不常见。可在服药后立即发生，或数小时后出现血管性水肿，表现为上肢、下肢、颜面部、口唇、舌或喉部水肿，也可出现皮肤红斑或风团、发热、不适。

2. 关节疼痛、嗜酸细胞增多、淋巴结肿大，不常见。

3. 长期服用，可出现口腔、咽喉部烧灼感、流涎、金属味和齿龈疼痛、胃部不适、剧烈头痛等碘中毒症状；也可出现高钾血症，表现为神志模糊、心律失常、手足麻木刺痛、下肢沉重无力。

4. 腹泻、恶心、呕吐和胃痛等消化道不良反应，不常见。

5. 动脉周围炎，类白血病样嗜酸性粒细胞增多，罕见。

【禁忌证】妊娠及哺乳期动物禁用。

【注意事项】

1. 碘化钾在酸性溶液中能析出游离碘。

2. 肝、肾功能低下动物禁用。

3. 因本品刺激性较强，不适于急性支气管炎症。

4. 碘化钾溶液遇生物碱可生产沉淀。

【规格】（1）10 mg （2）200 mg

【用法与用量】口服。

1. 预防地方性甲状腺肿：剂量根据当地缺碘情况而定，推荐剂量，一次量50 μg，一日1次。

2. 治疗地方性甲状腺肿：每20 kg体重1~10 mg，一日1次，连服1~3个月，中间休息30~40 d。约1~2月后，剂量可渐增至每20 kg体重20~25 mg，总疗程约3~6个月。

二 抗感染药

复方盐酸多西环素片（咳喘宁）
Compound Doxycycline Hydrochloride Tablet

【主要成分】盐酸多西环素，鱼腥草提取物。

【适应证】用于治疗犬瘟热、犬窝咳等感染性疾病所引起的较为严重的呼吸道症状，以及喉气管炎等。

【不良反应】口服偶见轻微呕吐、腹泻等胃肠道反应。口服鱼腥草过敏率大大低于注射，但仍有个别动物出现过敏症状。

【注意事项】仅用于犬。与其他四环素类抗菌药合用很少发生骨骼和牙齿异常，但怀孕动物和幼龄动物慎用。长期使用可导致非敏感细菌或真菌的过度生长（二重感染）。

【规格】（1）10 mg （2）50 mg

【用法与用量】仅限犬用。口服，每千克体重5 mg，一日2次。

清开灵口服液
Qingkailing Oral Solution

【主要成分】胆酸，珍珠母，猪去氧胆酸，栀子，水牛角，板蓝根，黄芩苷，金银花。

【适应证】清热解毒，镇静安神。用于外感风热时毒，火毒内盛所致高热不退，烦躁不安，咽喉肿痛，舌质红绛、苔黄、脉数动物。上呼吸道感染，病毒性感冒，急性化脓性扁桃体炎，急性咽炎，急性气管炎等病症动物。

【注意事项】久病体虚动物如出现腹泻时慎用。服药3 d症状无缓解，应去医院就诊。

【规格】10 mL

【用法与用量】口服，每千克体重0.2~0.4 mL，一日2次。

穿虎宁注射液
Potassium Dehydroandrograpolide Succinate Injection

【适应证】用于病毒性肺炎、病毒性上呼吸道感染等。

【不良反应】静脉滴注后可发生过敏性休克，血小板减少，也可发生皮肤过敏（如药疹等），腹泻，肝功能损害，血管刺激疼痛，胃肠不适。呼吸困难，寒战，发热等。

【禁忌证】妊娠期动物禁用。

【注意事项】

1. 忌与酸、碱性药物或含有亚硫酸氢钠、焦亚硫酸钠为抗氧化剂的药物配伍。

2. 在使用过程中偶有发热、气紧现象，停止用药即恢复正常。

3. 药物性状改变时禁用。

4. 用药过程应定期检查血象，发现血小板减少应及时停药，并给予相应处理。

【规格】（1）2 mL：20 mg （2）2 mL：40 mg

【用法与用量】肌内注射，每千克体重4~8 mg，一日1~2次。静脉滴注，每千克体重8 mg，一日1次，用0.9%氯化钠注射液稀释后静脉滴注。

双黄连粉针剂
Shuanghuanglian Injection

【主要成分】连翘，金银花，黄芩。

【适应证】清热解毒，轻宣透邪。用于风温邪在肺卫或风热闭肺证，证见发热，微恶风寒或不恶寒，咳嗽气促，咳痰色黄，咽红肿痛等及急性上呼吸道感染、急性支气管炎、急性扁桃腺炎、轻型肺炎等。

【不良反应】偶见皮疹。

【规格】600 mg

【用法与用量】静脉滴注，溶于0.9%氯化钠或5%葡萄糖注射液，每千克体重60 mg，一日1次，或遵医嘱。

L-赖氨酸（美尼喵）
Lysine Hydrochloride Granules

【适应证】用于营养不良，发育迟滞幼猫。也可缓减由疱疹病毒感染引起的流泪过多、眼部分泌物增多、结膜炎、结膜水肿、眼睛疼痛怕光等症状，是预防和治疗由疱疹病毒感染引起的打喷嚏等上呼吸道感染的辅助用药。

【规格】每袋含L-赖氨酸500 mg

【用法与用量】美尼喵与湿粮混合后食用，一日1~2袋。

三 平喘药

氨茶碱片（肺心康）
Aminophylline Tablets

【适应证】犬、猫支气管扩张剂、强心剂、利尿剂，临床广泛用于缓解肺炎引起的呼吸困难和咳嗽，作为支气管扩张药辅助治疗小型犬心力衰竭，尤其是小型犬并发的慢性阻塞性肺炎，伴有支气管痉挛的急性肺水肿。心源性哮喘，伴有二尖瓣疾病的慢性支气管炎。

【不良反应】常见恶心、呕吐、腹泻等胃肠刺激症状。静滴过快或浓度过高可引起心律失常、惊厥和血压骤停等，严重可致死。

【规格】（1）肺心康100：氨茶碱100 mg （2）肺心康200：氨茶碱200 mg

【用法与用量】口服，肺心康100，每10 kg体重1片，一日2~4次。肺心康200，每20 kg体重1片，一日2~4次。

氨茶碱注射液
Aminophylline Injection

【适应证】急性心衰、心性水肿、扩张气管。

【规格】2 mL：0.25 g

【用法与用量】静脉注射或肌内注射，按一次量50~100 mg。

第十二部分

心血管系统与血液系统用药

一　强心药

盐酸贝那普利片（Fortekor®）
Benazepril Hydrochloride (Fortekor®)

【适应证】用于治疗犬、猫充血性心力衰竭，各期高血压，作为对洋地黄、利尿剂反应不佳的充血性心力衰竭动物的辅助治疗。

【药理作用】本品有效成分为盐酸贝那普利（Benazepril Hydrochloride），在体内可水解为贝那普利拉（Benazeprilat）。贝那普利拉可抑制血管紧张素转化酶（ACE）活性，从而阻止无活性的血管紧张素 I 转化为有活性的血管紧张素 II。盐酸贝那普利片可降低所有由血管紧张素 II 所介导的效应，包括动静脉的血管收缩及肾对钠与水的滞留。盐酸贝那普利片可长时间抑制犬、猫血浆ACE，在应用单次剂量后可持续保持明显抑制24 h。

【不良反应】小肠血管性水肿，过敏样反应，高钾血症，粒细胞缺乏症，嗜中性粒细胞减少。实验室检查：与其他ACE抑制剂类似，单用本品治疗，某些原发性高血压患病动物血中尿素氮和血清肌酐会轻度升高，停药后可恢复。与利尿剂合用时或在肾动脉狭窄的患病动物中，上述指标升高的可能性增加。

【禁忌证】已知对贝那普利、相关化合物或本品的任何辅料过敏动物。有血管紧张素转换酶抑制剂引起血管性水肿病史动物。妊娠及泌乳期动物禁用。

【注意事项】

1. 不推荐用于妊娠及泌乳期动物。

2. 临床试验表明，肾对盐酸贝那普利有很好的耐受性，用药后血浆尿素和肌酐没有变化，也未观察到肾毒性。贝那普利拉的胆汁排泄途径保证了其在肾功能受损的犬、猫没有体内积累的危险，但是建议监测血中尿素氮和肌酐水平。

3. 犬、猫对盐酸贝那普利的耐受性很好，在正常犬超剂量200倍使用也未见事故。在意外过量使用的病例，可出现短暂的、可逆的低血压症状，可通过静脉输注等渗盐水来缓解。在极少数病例可出现低血压导致的疲倦或昏眩症状，必要时可减少利尿剂的用量。

4. 可能与保钾利尿药有相互作用，如螺内酯、氨苯蝶啶和阿米洛利。在与这些药物合用时，建议监测血钾水平。与其他ACE抑制剂、降压药或具有降压效应的麻醉剂合用时，可增强贝那普利的抗高血压作用。

【规格】（1）2.5 mg （2）5 mg （3）20 mg

【用法与用量】口服，最小推荐剂量每千克体重0.25 mg，一日1次，如有必要，可使用双倍剂量，一日1次。

心安口服液
Prilium Solution

【适应证】第一代血管紧张素酶抑制剂口服溶液，具有极好的长期耐受性。用于治疗食欲不振、疲倦、咳嗽、晕厥、对活动的不耐受性，具有长时间的降血压作用和对心脏的保护作用，是一种对治疗中度至严重心衰犬只很有效的药物。也用于治疗犬、猫心脏病和肾衰竭，有效缓解犬、猫的高血压症状，持续降压。液态容易喂食，适合长期服用。

【药理作用】本品有效成分为Imidapril，是新一代血管紧张素抑制剂。Imidapril其为具有两个氮原子的咪唑环结构，其独特结构可以防止其分子的旋转，使唯一具有抑制活性的Imidaprilate更稳定。应用于犬和猫，快速吸收并在肝脏内激活，1 h内可达到最高血浆药物浓度，并在体内存在4~6 h且可持续24 h抑制。从使用的第14 d开始，临床症状很快消失，使用最初3个月犬生活质量改善非常迅速。

【注意事项】该产品主要通过肝肾代谢，对中度肾衰竭病犬无须调整用药量。仅对于严重肾衰竭的调整剂量是必要的。对于肝衰竭病犬无须调整剂量。

【规格】（1）150 mg∶30mL （2）300 mg∶30 mL

【用法与用量】口服，每千克体重0.25 mg。

地高辛片
Digoxin Tablets

【适应证】用于高血压、瓣膜性心脏病、先天性心脏病等急性和慢性心功能不全。尤其适用于伴有快速心室率的心房颤动的心功能不全；对于肺源性心脏病、心肌严重缺血、活动性心肌炎及心外因素如严重贫血、甲状腺功能低下及维生素B₁缺乏症的心功能不全疗效差。也用于控制伴有快速心室率的心房颤动、心房扑动患者的心室率及室上性心动过速。

【不良反应】导致所有类型的心律不齐和心力衰竭症状的恶化。罕见嗜睡、皮疹、荨麻疹（过敏反应）。

【禁忌证】任何强心苷制剂中毒动物禁用。室性心动过速、心室颤动动物禁用。患有肥厚性心肌病的猫禁用。

【注意事项】

1. 妊娠及哺乳期动物慎用。幼龄及老龄动物慎用。

2. 下列情况慎用：① 低钾血症。② 不完全性房室传导阻滞。③ 高钙血症。④ 甲状腺功能低下。⑤ 缺血性心脏病。⑥ 急性心肌梗死。⑦ 心肌炎。⑧ 肾功能损害（洋地黄毒苷可例外）。

【规格】0.25 mg

【用法与用量】口服，每千克体重0.01 mg，一日2次。

盐酸多巴酚丁胺注射液
Dobutamine Hydrochloride Injection

【适应证】用于器质性心脏病时心肌收缩力下降引起的心力衰竭，包括心肌梗死、创伤、内毒素败血症、心脏手术、肾衰竭、充血性心力衰竭等引起的休克综合征，包括心脏直视手术后所致的低排血量综合征，作为短期支持治疗。补充血容量后休克仍不能纠正动物，尤其有少尿及周围血管阻力正常或较低的休克。由于本品可增加心排血量，也用于洋地黄和利尿剂无效的心功能不全。

【不良反应】可有胸痛、呼吸困难、心悸、心律失常（尤其用大剂量）、全身软弱无力感。心跳缓慢、头痛、恶心呕吐少见。如出现收缩压增加，心率增快，与剂量有关，应减量或暂停用药

【注意事项】

1. 交叉过敏反应，对其他拟交感药过敏，可能对本品也过敏。

2. 梗塞性肥厚型心肌病不宜使用。

3. 下列情况应慎用：心房颤动、高血压、严重的机械梗阻、低血

容量、窦性心律失常、心肌梗死等。

4.用药前应先补充和纠正血容量。

【规格】2 mL∶20 mg

【用法与用量】静脉滴注，将本品溶解于0.9%氯化钠注射液或5%葡萄糖注射液中稀释后，滴注速度每千克体重2~5 μg/min给予。若心率和外周血管阻力基本无变化时，可适当加快滴速，但需注意仍有可能加速心率和心律失常。

匹莫苯丹片（维特美叮片）
Pimobendan Tablets

【主要成分】每片含5.0 mg匹莫苯丹。

【适应证】用于治疗犬的由于心瓣膜机能不全引起的充血性心脏病、扩张性心脏病。当用于心瓣膜机能不全的治疗时结合利尿灵一起使用可提高病犬生活治疗并延长寿命。当用于扩张性心脏病的治疗时，结合速尿灵、依那普利和地高辛一起使用，能够提高病犬的生活质量并延长寿命。

【注意事项】患有顽固性心律不齐的动物慎用。

【规格】5 mg

【用法与用量】口服，饭前1 h服用，每千克体重0.2~0.6 mg，一日1次。

螺内酯片
Spironolactone Tablets

【适应证】用于水肿性疾病，与其他利尿药合用，治疗充血性水肿、肝硬化腹水、肾性水肿等水肿性疾病，其目的在于纠正上述疾病时伴发的继发性醛固酮分泌增多，并对抗其他利尿药的排钾作用。也用于特发性水肿的治疗。作为治疗高血压的辅助药物。治疗原发性醛固酮增多症，螺内酯可用于此病的诊断和治疗。低钾血症的预防，与噻嗪类利尿药合用，增强利尿效应和预防低钾血症。对于患有低钾血症性心力衰竭的动物效果显著。慎用于肾脏及肝脏功能不全的动物。

【药理作用】【不良反应】【禁忌证】参见第十部分消化系统药物保肝利胆药。

【规格】20 mg

【用法与用量】口服，每千克体重1~2 mg，一日1次。

雷米普利片
Ramipril Tablets

【主要成分】雷米普利。

【适应证】雷米普利是新一代用于犬的血管紧张素转化酶（ACE）抑制剂，可广泛用于犬心力衰竭的治疗。可改善心血管功能、减轻临床症状及预后，降低持久性或暂时性心力衰竭伴发急性心肌梗死的死亡率。本品可减轻心脏负荷，降低心衰对心肌造成的损伤。用于犬充血性心力衰竭的各个阶段、高血压、心源性肺水肿、慢性肾衰竭、肾功能不全的治疗。

【注意事项】

1. 在整个治疗过程中建议定期监测肾功能。

2. 在ACE抑制剂治疗开始时或增加用量后，会有极少数病例发生血压下降，可表现为疲乏无力、嗜睡、共济失调。

3. 在有血压过低风险的病例，建议用一周时间逐步增加治疗剂量（从50%治疗剂量开始）。

4. 妊娠及哺乳期母动物禁用。

5. 不得使用保钾型利尿剂。

【规格】2.5 mg

【用法与用量】口服，犬每千克体重0.1~0.15 mg。

硝酸甘油气雾剂
Nitroglycerin Aerosol

【适应证】辅助用血管扩张剂，治疗心衰及心源性缺血症，肥大性心肌病，抗高血压。

【不良反应】用药部位皮疹，体位性低血压。

【注意事项】

1. 贫血或对硝酸盐过敏动物禁用。

2. 脑出血或脑外伤、利尿导致血容量降低或其他血压过低的情况慎用。

3. 轮换用药部位。

4. 用药时应戴手套，避免皮肤接触。

【规格】0.5 mg

【用法与用量】舌下含服，犬一次0.5 mg，一日3~4次。猫一次0.3 mg，一日3次。

速效救心丸
Suxiao Jiuxin Wan

【主要成分】川芎，冰片。

【适应证】行气活血，祛瘀止痛，增加冠脉血流量，缓解心绞痛。

【规格】40 mg

【用法与用量】口服，每千克体重1~2粒，一日3次。急性发作时，每千克体重2~3粒。

盐酸地尔硫卓片（合心爽片）
Diltiazem Hydrochloride Tablets

【适应证】用于治疗冠状动脉痉挛引起的心绞痛和劳力型心绞痛，中度高血压，肥厚性心肌病，室上性心动过速。

【药理作用】本品为钙离子通道阻滞剂，其作用与心肌及血管平滑肌除极时抑制钙离子内流有关。可以有效地扩张心外膜和心内膜下的冠状动脉，缓解自发性心绞痛或由麦角新诱发冠状动脉痉挛所致心绞痛。通过减慢心率和降低血压，减少心肌需氧量，增加运动耐量并缓解劳力型心绞痛。使血管平滑肌松弛，周围血管阻力下降，血压降低。其降压的幅度与高血压的程度有关，血压正常动物仅使血压轻度下降。有负性肌力作用，并可减慢窦房结和房室结的传导。

【规格】30 mg

【用法与用量】口服，犬：每千克体重0.5~1.5 mg，一日3次，每1~2 d增加一次剂量，直至获得最佳疗效。猫：每千克体重1.5~2.4 mg，一日2~3次，每1~2 d增加一次剂量，直至获得最佳疗效。

二　血管活性药

盐酸肾上腺素注射液
Epinephrine Injection

【适应证】抢救过敏性休克。抢救心脏骤停。治疗支气管哮喘。与局麻药合用可减缓局麻药的吸收而延长其药效，并减少其毒副作用，亦可减少手术部位的出血。制止鼻黏膜和齿龈出血。治疗荨麻疹、枯草热、血清反应等。

【不良反应】心悸、头痛、血压升高、震颤、无力、眩晕、呕吐、四肢发凉。用药局部可有水肿、充血、炎症。

【禁忌证】禁用于狭角型青光眼、分娩过程中、心脏扩展或冠状动脉功能不全的动物。禁用于糖尿病、高血压、甲状腺毒症、妊娠毒血症。禁与局麻药合用注射身体局部。

【规格】1 mL：1 mg

【用法与用量】肌内注射或静脉滴注，一次量0.2 mg。

重酒石酸去甲肾上腺素注射液
Noradrenaline Bitartrate Injection

【适应证】本品用于治疗急性心肌梗死、体外循环等引起的低血压；对血容量不足所致的休克、低血压或嗜铬细胞瘤切除术后的低血压，本品作为急救时补充血容量的辅助治疗，以使血压回升，暂时维持脑与冠状动脉灌注，直到补充血容量治疗发生作用；也可用于椎管内阻滞时的低血压及心搏骤停复苏后血压维持。

【不良反应】

1. 药液外漏可引起局部组织坏死。

2. 本品强烈的血管收缩可以使重要脏器器官血流减少，肾血流锐减后尿量减少，组织供血不足导致缺氧和酸中毒；持久或大量使用时，可使回心血流量减少，外周血管阻力升高，心排血量减少，后果严重。

3. 应重视的反应包括静脉输注时沿静脉径路皮肤发白，注射局部皮肤破溃，皮肤紫绀，发红，严重眩晕，上述反应虽属少见，但后果严重。

4. 个别动物因过敏而有皮疹、面部水肿。

5. 在缺氧、电解质平衡失调、器质性心脏病动物中或逾量时，可出现心律失常;血压升高后可出现反射性心率减慢。

6. 以下反应如持续出现应注意：焦虑不安、眩晕、头痛、皮肤苍白、心悸、失眠等。

7. 逾量时可出现严重头痛及高血压、心率缓慢、呕吐、抽搐。

【禁忌证】禁止与含卤素的麻醉剂和其他儿茶酚胺类药合并使用，可卡因中毒及心动过速患病动物禁用。

【注意事项】缺氧、高血压、动脉硬化、甲状腺功能亢进、糖尿病、闭塞性血管炎、血栓病患病动物慎用。用药过程中必须监测动脉压、中心静脉压、尿量、心电图。

【规格】 1 mL：2 mg

【用法与用量】肌内注射或静脉滴注，一次量0.4~2 mg。

三 抗高血压药

苯磺酸氨氯地平片
Anlodipine Besylate Tablets

【适应证】抗高血压、血管扩张药，抗心绞痛。

【药理作用】本品抑制心脏和血管平滑肌上的钙离子通过细胞膜，对血管平滑肌的作用较强，所以可作为外周小动脉的血管扩张药并降低心脏后负荷。本品也抑制神经冲动形成和心肌传导速率。

【不良反应】猫的治疗早期可能引起厌食和低血压。

【注意事项】

1. 轻微负性肌力作用。慎用于心脏病、肝功能障碍的动物。

2. 如果停药，可能引起高血压复发。

【规格】5 mg

【用法与用量】口服，每千克体重0.05~0.25 mg，一日1次。

卡托普利片
Captopril Tablets

【适应证】血管紧张素转化酶阻断剂，血管扩张药，治疗高血压。

【规格】25 mg

【注意事项】副作用多，活性持续时间短，被依那普利、贝那普利所代替。

【用法与用量】口服，每千克体重0.5~2 mg，一日2~3次，遵医嘱。

盐酸贝那普利片（Fortekor®）
Benazepril Hydrochloride Tablets (Fortekor®)

【适应证】用于治疗犬、猫各期高血压，充血性心力衰竭，作为对洋地黄、利尿剂反应不佳的充血性心力衰竭动物的辅助治疗。

【药理作用】【不良反应】【禁忌证】【注意事项】参见强心药盐酸贝那普利片。

【规格】（1）2.5 mg （2）5 mg （3）20 mg

【用法与用量】口服，最小推荐剂量每千克体重0.25 mg，一日1次，如有必要，可使用双倍剂量，一日1次。

酒石酸美托洛尔片
Mettoprolol Tartrate Tablets

【适应证】用于治疗高血压、心绞痛、心肌梗死、肥厚型心肌病、主动脉夹层、心律失常、甲状腺功能亢进、心脏神经官能症等。

【规格】25 mg

【用法与用量】口服，每20 kg体重25 mg，一日2次。

盐酸地尔硫片
Diltiazem Hydrochloride Tablets

【适应证】用于治疗冠状动脉痉挛引起的心绞痛和劳力型心绞痛，高血压。

【规格】30 mg

【用法与用量】口服，每千克体重0.5~1.5 mg，一日2~3次。

四 抗心律失常药

葡萄糖酸钙注射液
Calcium Gluconate Injection

【适应证】用于治疗钙缺乏，急性血钙过低、碱中毒及甲状旁腺功能低下所致的手足搐弱症。过敏性疾患。镁中毒时的解救。氟中毒的解救。心脏复苏时应用（如高血钾或低血钙，或钙通道阻滞引起的心功能异常的解救）。

【药理作用】葡萄糖酸钙注射液为钙补充剂。钙可以维持神经肌肉的正常兴奋性，促进神经末梢分泌乙酰胆碱，血清钙降低时可出现神经肌肉兴奋性升高，发生抽搐，血钙过高则兴奋性降低，出现软弱无力等。钙离子能改善细胞膜的通透性，增加毛细管的致密性，使渗出减少，起抗过敏作用。钙离子能促进骨骼与牙齿的钙化形成。高浓度钙离子与镁离子之间存在竞争性颉颃作用，可用于镁中毒的解救。钙离子可与氟化物生成不溶性氟化钙，用于氟中毒的解救。

【规格】10%（10 mL：1 g）

【用法与用量】

1. 室性心搏暂停、心房停滞：静脉滴注，10%溶液按体重一次

0.4~1.0 mL。

2.低血钙、高血钾：静脉滴注，10%溶液每千克体重0.5~1.5 mL。

盐酸胺碘酮注射液
Amiodarone Hydrochloride Injection

【适应证】用于利多卡因无效的室性心动过速和急诊控制房颤、房扑的心室率。

【不良反应】胃肠道功能紊乱，中性粒细胞减少和肝脏毒性。

【注意事项】禁用于II度和III度心脏传导阻滞、心律失常。

【规格】2 mL：50 mg

【用法与用量】静脉滴注，每千克体重3 mg，以1~1.5 mg/min维持，6 h后减至0.5~1 mg/min，每日每千克体重总量25 mg，以后逐渐减量，静脉滴注胺碘酮最好不超过3~4 d。

盐酸胺碘酮片
Amiodarone Hydrochloride Tablets

【适应证】同盐酸胺碘酮注射液。

【规格】200 mg

【用法与用量】口服，每千克体重10~35 mg，一日3次。

阿替洛尔片
Atenolol Tablets

【适应证】β-受体阻断药。用于治疗小动物的高血压和快速性心律失常。

【不良反应】嗜睡、低血压或腹泻。

【注意事项】

1. 禁用于使用减慢心率药治疗心律不齐的动物，或者对本品过敏的动物。

2. 充血性心力衰竭动物慎用。肾衰竭动物和窦房结功能障碍动物慎用。

3. 大剂量时可掩盖甲状腺功能亢进或者低血糖的症状，可导致高血糖或低血糖的出现。

4. 如果停药，建议逐渐停药。

【规格】25 mg

【用法与用量】口服，每千克体重0.2~1 mg，一日1~2次。

盐酸维拉帕米片
Verapamil Hydrochloride Tablets

【适应证】抗心律不齐药。是一种钙通道阻断剂，用于治疗犬和猫室上心动过速。

【不良反应】低血压、心动过缓、心动过速、心力衰竭加重、外周水肿、房室传导阻滞、肺水肿、恶心、便秘、眩晕、头痛、疲劳。

【注意事项】

1. 心力衰竭、肥厚型心肌病、肝肾损伤时慎用。

2. 心源性休克或严重心力衰竭、低血压、重度静脉窦综合征等禁用。

【规格】40 mg

【用法与用量】口服，犬每千克体重0.05~0.2 mg，猫每千克体重0.5~1 mg。

五 促凝血药与抗凝血药

维生素K₁注射液
Vitamin K₁ Injection

【适应证】用于治疗维生素K缺乏引起的出血，如梗阻性黄疸、胆瘘、慢性腹泻等所致出血，香豆素类、水杨酸钠所致的低凝血酶原血症，新生动物出血以及长期使用广谱抗菌药所致的体内维生素K缺乏。

【不良反应】静注维生素K_1发生类过敏反应，肌内注射会导致注射部位的急性出血。

【禁忌证】

1. 严重肝脏疾病或肝功能不全的动物禁用。

2. 对维生素K_1过敏或者对其制剂中任何成分过敏的动物禁用。

【规格】1 mL：10 mg

【用法与用量】静脉滴注，每千克体重0.2 mg（即每千克体重0.02 mL）一日1~2次。

维生素K_3注射液（亚硫酸氢钠甲萘醌注射液）
Vitamin K_3 Injection (Menadione Sodium Bisulfite Injection)

【适应证】用于维生素K缺乏引起的出血性疾病，如新生动物出血、肠道吸收不良导致维生素K缺乏以及低凝血酶原血症等。

【不良反应】

1. 局部可见红肿和疼痛。

2. 较大剂量可致新生动物溶血性贫血、高胆红素血症及黄疸。

3. 大剂量使用可致肝损害。

【规格】1 mL：4 mg

【用法与用量】肌内注射，每千克体重0.2 mg，一日2次。

酚磺乙胺注射液（止血敏）
Etamsylate Injection

【适应证】用于防治各种手术前后的出血、鼻出血、呕血和尿血等。也可用于血小板功能不良、血管脆性增加而引起的出血。

【药理作用】本品能使血管收缩，降低毛细血管通透性，也能增强血小板聚集性和黏附性，促进血小板释放凝血活性物质，缩短凝血时间，达到止血效果。本品易从胃肠道吸收，大部分以原形从肾排泄，小部分从胆汁、粪便排出。右旋糖酐抑制血小板聚集，延长出血及凝血时间，理论上与本品呈颉颃作用。

【不良反应】本品毒性低，可有恶心、头痛、皮疹、暂时性低血压等，偶有静脉注射后发生过敏性休克的报道。

【注意事项】本品可与维生素K注射液混合使用，但不可与氨基己酸注射液混合使用。

【规格】2mL：0.5g

【用法用量】肌内或静脉注射，每千克体重10 mg，一日2~3次。

注射用血凝酶（巴曲亭）
Haemocoagulase Atrox for Injection

【适应证】用于需减少流血或止血的各种医疗情况下，如：外科、内科、妇产科、眼科、耳鼻喉科、口腔科等临床科室的出血及出血性疾病。预防：手术前用药，可减少出血倾向，避免或减少手术及手术后出血。

【不良反应】不良反应发生率极低，偶见过敏样反应。如出现以上情况，可按一般抗过敏处理方法，给予抗组胺药或/和糖皮质激素及对症治疗。

【禁忌证】

1. 有血栓病史动物禁用。

2. 对本品中任何成分过敏动物禁用。

【注意事项】

1. 播散性血管内凝血（DIC）及血液病所致的出血不宜使用本品。

2. 血中缺乏血小板或某些凝血因子（如凝血酶原）时，本品没有代偿作用，宜在补充血小板、缺乏的凝血因子或输注新鲜血液的基础上应用本品。

3. 在原发性纤溶系统亢进（如：内分泌腺、癌症手术等）的情况下，宜与血抗纤溶酶的药物联合应用。

4. 使用期间还应注意观察动物的出、凝血时间。

5. 应注意防止用药过量，否则其止血作用会降低。

6. 除非紧急情况，怀孕动物不宜使用。

【规格】0.5 U

【用法与用量】皮下、肌内注射，或静脉滴注，一次0.3~0.5 U，异常出血，剂量加倍，间隔6 h肌注1 U。

云南白药胶囊
Yunnan Baiyao Capsules

【适应证】化瘀止血，活血止痛，解毒消肿。用于跌打损伤，淤血肿痛，吐血、咳血、便血、痔血、崩漏下血，手术出血，疮疡肿毒及软组织挫伤，闭合性骨折，支气管扩张及肺结核咳血，溃疡病出血，以及皮肤感染性疾病。

【不良反应】极少数动物服药后导致过敏性药疹，出现胸闷、心慌、腹痛、恶心呕吐、全身奇痒、躯干及四肢等部位出现荨麻疹。

【禁忌证】怀孕动物禁用。过敏体质及有用药过敏史的动物应慎用。

【规格】0.25 g

【用法与用量】口服，一次1/4 ~ 1/2粒，一日4次。

吸收性明胶海绵
Absorbable Gelatin Sponge

【适应证】用于创口渗血区止血，如外伤性出血、手术出血、毛细血管渗血、鼻出血等。

【注意事项】

1. 本品为灭菌制品，使用过程中要求无菌操作，以防污染。

2. 包装打开后不宜再消毒，以免延长吸收时间。

【规格】（1）6 cm×6 cm×1 cm　（2）8 cm×6 cm×0.5 cm

【用法与用量】贴于出血处，再用干纱布压迫。

肝素钠注射液
Heparin Sodium Injection

【适应证】抗凝血药，用于防治血栓形成或栓塞性疾病（如心肌梗死、血栓性静脉炎、肺栓塞等）。由各种原因引起的弥散性血管内凝血。用于血液透析、体外循环、导管术、微血管手术等操作中及某些血液标本或器械的抗凝处理。

【药理作用】由于本品具有带强负电荷的理化特性，能干扰血凝过程的许多环节，在体内外都有抗凝血作用，其作用机制比较复杂，主要通过与抗凝血酶Ⅲ（AT–Ⅲ）结合，而增强后者对活化的Ⅱ、Ⅸ，Ⅹ，Ⅺ和Ⅻ凝血因子的抑制作用。其后果涉及阻止血小板凝集和破坏，妨碍凝血激活酶的形成。阻止凝血酶原变为凝血酶。抑制凝血酶，从而妨碍纤维蛋白原变成纤维蛋白。

【不良反应】毒性较低，主要不良反应是用药过多可致自发性出血，故每次注射前应测定凝血时间。如注射后引起严重出血，可静脉注射硫酸鱼精蛋白进行急救（1 mg硫酸鱼精蛋白可中和150 U肝素）。

【禁忌证】对肝素过敏、有自发出血倾向动物、血液凝固迟缓动物（如血友病、紫癜、血小板减少）、溃疡病、创伤、产后出血动物及严重肝功能不全的动物禁用。

【规格】2 mL∶12500 U

【用法与用量】皮下或肌内注射注射，每千克体重200~300 U。

枸橼酸钠注射液
Sodium Citrate Injection

【适应证】抗凝血药，用于体外抗凝血。

【注意事项】大量输血时，应另注射适量钙剂，以预防低血钙。

【规格】10 mL∶0.4 g

【用法与用量】每1000 mL血液添加10 mL枸橼酸钠。

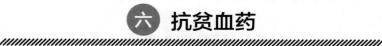

六 抗贫血药

右旋糖酐铁注射液（铁血龙）
Iron Dextran Injection (Uniferon®)

【主要成分】10%右旋糖酐铁。

【适应证】用于重症缺铁性贫血、失血性贫血、生理性贫血动物。

提高免疫应答。手术失血及术后恢复。寄生虫和传染病辅助治疗及恢复。老龄动物心脏病辅助治疗。

【不良反应】极个别动物会发生过敏反应。

【禁忌证】缺乏维生素E或硒的动物禁用。严重肝、肾功能不全的动物禁用。对本品过敏的动物禁用。妊娠及哺乳期动物禁用。

【注意事项】

1. 皮下注射后可能会在注射部位形成色斑，一般2~3 d后可被吸收。

2. 室温保存，避免冻结。久置可发生沉淀。

3. 适于不能耐受口服铁剂的缺铁性贫血动物，或需迅速纠正缺铁动物。

4. 注射本品后血红蛋白未见逐步升高动物应停药。

【规格】2 mL：200 mg

【用法与用量】皮下注射，每千克体重10~20 mg，一日1次，连用3~5 d。

维生素B$_{12}$注射液（钴胺素，氰钴胺）
Vitamin B$_{12}$ Injection

【适应证】主要用于巨幼细胞性贫血，也可用于神经炎的辅助治疗。

【药理作用】本品为抗贫血药。维生素B$_{12}$参与体内甲基转换及叶酸代谢，促进5-甲基四氢叶酸转变为四氢叶酸。缺乏时，导致DNA合成障碍，影响红细胞的成熟。本品还促使甲基丙二酸转变为琥珀酸，参与三羧酸循环。此作用关系到神经髓鞘脂类的合成及维持有髓神经纤维功能完整，维生素B$_{12}$缺乏症的神经损害可能与此有关。

【不良反应】肌内注射偶可引起皮疹、瘙痒、腹泻及过敏性哮喘，但发生率低，极个别有过敏性休克。

【注意事项】可致过敏反应，甚至过敏性休克，不宜滥用。有条件时，用药过程中应监测血中维生素B$_{12}$浓度。痛风动物使用本品可能发生高尿酸血症。治疗巨幼细胞贫血，在起始48 h，宜查血钾，以防止低血钾症。

【规格】（1）1 mL：0.25 mg （2）1 mL：0.5 mg （3）1 mL：1 mg

【用法与用量】肌内注射，一次0.025~0.1 mg，一日1次。

叶酸片
Folic Acid Tablets

【适应证】各种原因引起的叶酸缺乏及叶酸缺乏所致的巨幼红细胞贫血。妊娠及哺乳期动物预防给药。慢性溶血性贫血所致的叶酸缺乏。

【不良反应】不良反应较少，罕见过敏反应。长期用药可以出现畏食、恶心、腹胀等胃肠症状。大量服用叶酸时，可使尿呈黄色。

【禁忌证】维生素B$_{12}$缺乏引起的巨幼细胞贫血不能单用叶酸治疗。

【注意事项】

1. 对甲氧苄啶、乙胺嘧啶等所致的巨幼红细胞贫血无效。

2. 恶性贫血及疑有维生素B$_{12}$缺乏的患病动物，不单独用叶酸，因这样会加重维生素B$_{12}$的负担和神经系统症状。

3. 静脉注射较易致不良反应，故不宜采用；肌内注射时，不宜与维生素B$_1$、维生素B$_2$、维生素C同管注射。

4. 口服大剂量叶酸，可以影响微量元素锌的吸收。

5. 诊断明确后再用药。若为试验性治疗，应用生理量口服。

6. 营养性巨幼红细胞性贫血常合并缺铁，应同时补充铁，并补充蛋白质及其他B族维生素。

7. 一般不用维持治疗，除非是吸收不良的病人。

【规格】（1）0.4 mg （2）5 mg

【用法与用量】口服，一次2.5~5 mg，一日3次。

重组红细胞生成素注射液
Recombinant Erythropoietin Injection

【适应证】① 肾功能不全动物所致贫血，包括慢性肾衰竭进行血液透析治疗和非透析治疗动物。② 外科围手术期的红细胞动员。③ 治疗非骨髓恶性肿瘤应用化疗引起的贫血。④ 各种原因引起的自身红细胞生成不足。

【不良反应】对于犬猫，最重要的不良反应时产生自身抗体，对继续治疗产生抗性。其他不良反应包括血压升高、血液黏度增高，因此应注意防止血栓形成；恶心、呕吐等胃肠道反应；癫痫发作。少数病例出现低热、乏力、关节痛等。

【禁忌证】未控制的重度高血压动物。对本药过敏动物。合并感染者，宜在控制感染后使用本药。

【注意事项】

1. 本品用药期间应定期检查红细胞压积（用药初期每星期1次，维持期每两星期1次），注意避免过度的红细胞生成，如发现过度的红细胞生长，应采取暂停用药等适当处理。

2. 应用本品有时会引起血清钾轻度升高，应适当调整饮食，若发生血钾升高，应遵医嘱调整剂量。

3. 对有心肌梗死、肺梗塞、脑梗死患病动物，有药物过敏症病史的患病动物及有过敏倾向的患病动物应慎重给药。

4. 治疗期间因出现有效造血，铁需求量增加。通常会出现血清铁浓度下降，应每日补充铁剂。

5. 叶酸或维生素B_{12}不足会降低本品疗效。严重铝过多也会影响疗效。

6. 药瓶有裂缝、破损者，有浑浊、沉淀等现象不能使用。药瓶开启后，应一次使用完，不得多次使用。

【规格】2 mL：1000 U

【用法与用量】皮下注射或静脉滴注，同时补充铁剂。犬、猫：初始剂量每千克体重100 U，一周3次；当红细胞比容范围达25%时，给药间隔改为一周2次；当红细胞比容范围达30%时，给药间隔改为一周1次。根据需要调整给药间隔，以维持红细胞比容处在适当范围。

维他补血液（补铁口服液）
Iron Oral Solution

【主要成分】超浓缩维生素，铁剂，天然肝精。

【适应证】生血、补血、提供造血原料，加速造血，用于犬细小病毒感染、犬巴贝斯虫感染等感染性疾病引起的贫血，幼龄犬、猫缺铁性贫血，创伤或手术引起的血液丢失性贫血，胃肠道慢性失血引起的贫血，如钩虫、球虫引起的胃肠出血。保肝护肝，防治犬、猫急慢性肝炎及老龄性犬、猫肝功能减退，提高食欲、增强抗病能力，恢复虚弱体质，加速疾病康复。

【注意事项】

1. 严重低钾血症、高钠血症、心肾衰竭等患病动物禁用。

2. 对本品过敏动物禁用。

【规格】30 mL

【用法与用量】口服，10 kg以下犬、猫，每次0.5滴管。10 kg以上犬、猫，每次1滴管。每5 kg体重加服0.5滴管。一日2次。一日最多服用不超过4 mL。

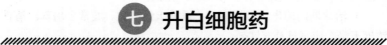

七 升白细胞药

利可君片
Leucogen Tablets

【适应证】预防、治疗白细胞减少症及血小板减少症。

【禁忌证】对本品过敏者禁用。

【规格】20 mg

【用法与用量】口服，每20 kg体重1片，一日3次，或遵医嘱。

第十三部分

体液补充药与电解质、酸碱平衡调节药

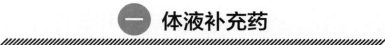

一 体液补充药

葡萄糖注射液
Glucose Injection

【适应证】等渗溶液用于补充营养和水分。高渗溶液用于提高血液渗透压和利尿脱水。可用于下痢、呕吐、重伤失血及不能摄食的重病动物的辅助治疗。

【药理作用】本品是机体所需能量的主要来源，在体内被氧化成二氧化碳和水同时供给热量，或以糖原的形式贮存，对肝脏具有保护作用。5%等渗葡萄糖注射液及葡萄糖氯化钠注射液有补充体液作用，高渗葡萄糖还可提高血液渗透压，使组织脱水并有短暂利尿作用。

【注意事项】高渗注射液应缓慢注射，以免加重心脏负担，且勿漏出血管外。

【规格】（1）5%　（2）25%　（3）50%

葡萄糖氯化钠注射液（糖盐水）
Glucose and Sodium Chloride Injection

【适应证】补充热能和体液，用于各种原因引起的进食不足或大量体液缺失。

【注意事项】

1. 低血钾症动物慎用。

2. 肝肾功能不全动物注意控制剂量，易致水钠潴留。

【规格】（1）100 mL　（2）250 mL　（3）500 mL

二 电解质与酸碱平衡调节药

氯化钠注射液
Sodium Chloride Injection

【适应证】各种原因所致的失水，包括低渗性、等渗性和高渗性失水。高渗性非酮症糖尿病昏迷，低氯性代谢性碱中毒。外用生理盐水冲洗眼部、洗涤伤口等。还用于产科的水囊引产。

【不良反应】给药速度过快、过多可致血压升高、头痛、头昏。体重增加，出现水肿。心率加速、胸闷、呼吸困难，肺部哮鸣音。

【禁忌证】下列动物禁用：心力衰竭。肺水肿。脑水肿、颅内压增高。肝硬化腹水。急性肾衰竭少尿期。慢性肾衰竭对利尿剂反应不佳动物。高钠血症。

【注意事项】

1. 下列情况应慎用：妊娠而有水肿，高血压，脑水肿、水肿或有水肿倾向动物，有高度水肿伴有低钠血症动物尤宜注意，轻度心、肾功能不全，低钾血症，肝硬化腹水，用药时要依据失水的性质属高渗、等渗或低渗的性质而给药，同时要考虑配合其他溶液以保持体内各种电解质之间的平衡关系。

2. 随访检查血清钾、钠、氯的浓度、酸碱平衡、心肺肾功能、血压等指标。

【规格】（1）250 mL　（2）500 mL　（3）1000 mL

复方氯化钠注射液（林格氏液）
Compound Sodium Chloride Injection

【适应证】用于各种缺盐性失水症，补充体液、抗休克、碱中毒，比生理盐水成分完全，可代替生理盐水用。

【不良反应】输液过多、过快，可致水钠潴留，引起水肿、血压升高、心率加快、胸闷、呼吸困难，甚至急性左心衰竭。过多、过快给予低渗氯化钠可致溶血、脑水肿等。

【禁忌证】

1. 水肿性疾病，如肾病综合征、肝硬化腹水、充血性心力衰竭、急性左心衰竭、脑水肿及特发性水肿等。

2. 急性肾衰竭少尿期，慢性肾衰竭尿量减少而对利尿药反应不佳动物。

3. 高血压、低钾血症。

【注意事项】

1. 脑、肾疾病，心功能不全，血浆蛋白过低动物慎用。

2. 静滴时需注意无菌操作。

【规格】（1）250 mL：2.25 g （2）500 mL：4.5 g

乳酸钠林格注射液
Sodium Lactate Ringer's Injection

【适应证】调节体液、电解质及酸碱平衡药。用于代谢性酸中毒或有代谢性酸中毒的脱水。

【规格】500 mL

羟乙基淀粉40氯化钠注射液
Hydoxyethy1 Starch 40 Sodium Chloride Injection

【适应证】血容量补充药。有维持血液胶体渗透压作用，用于失血、创伤、烧伤及中毒性休克等。

【药理作用】本品静脉滴注后，较长时间停留于血液中，提高血浆渗透压，使组织液回流增多，迅速增加血容量，稀释血液，并增加细胞膜负电荷，使已聚集的细胞解聚，降低全身血黏度，改善微循环。

【不良反应】偶可发生输液反应。少数动物出现荨麻疹、瘙痒。

【注意事项】失血性休克输液速度宜快，烧伤或感染性休克等宜缓慢。大量输入可至钾排泄增多，应适当补钾。

【规格】500 mL：30 g

【用法与用量】静脉滴注，每千克体重10~20 mL，一日1次。

能量液（朗格贝恩能量液）
Energie

【适应证】① 手术后营养失调、产后体虚、营养不良等症状，本品能提供大量能量，用于改善氮平衡。② 预防和治疗机体必须脂肪酸缺乏症，也为患肠道疾病和各种原因引起的肠道营养吸收功能不良的动物提供能量。③ 具有降低胆固醇、减轻血液黏稠度、软化血管功能，是心脑血管疾病辅助性用药。④ 护肝，治疗便秘。

【药理作用】能量补充液。能提供机体能量和必需脂肪酸，维持机体正常代谢平衡。

【不良反应】可引起体温身高、呕吐。

【注意事项】本品慎用与脂肪代谢功能减退的动物，如肝、肾功能不全以及败血症慎用。如本品开瓶后一次未使用完的药液应予丢弃，不得再次使用。

【规格】100 mL : 37.5 g

【用法与用量】静脉滴注，每天最大推荐剂量每千克体重幼龄动物13 mL，成年动物10 mL，以每分钟小于0.8 mL/kg的速度输注，每100 mL输注时间不少于2 h。

氯化钾注射液
Potassium Chloride Injection

【适应证】用于治疗或预防低血钾症。

【不良反应】高血钾症。口服可引起胃肠道的紊乱，静注可能刺激静脉血管。

【注意事项】

1. 高血钾症、肾衰竭或严重的肾损伤，严重的溶血反应，未治疗的阿迪森综合征（肾上腺皮质机能减退）和急性脱水的动物禁用钾盐。

2. 固态口服剂型不能用于胃肠运动减弱的动物。

3. 使用洋地黄治疗的动物慎用。

4. 通过静脉输给钾盐时，给药前必须进行稀释，缓慢给药。

【规格】10 mL：1 g

【用法与用量】缓慢静脉滴注。

补K⁺换算表：

血清K⁺浓度 （mmol/L）	mmol/L KCl （250 mL）	mmol/L KCl （1L液体）	最大速度 [mL/（kg·h）]
<2.0	20（14.9 mL）	80（59.7 mL）	6
2.1~2.5	15（11.2 mL）	60（44.8 mL）	8
2.6~3.0	10（7.5 mL）	40（30.0 mL）	12
3.1~3.5	7（5.2 mL）	28（20.9 mL）	18
3.6~5.0	5（3.7 mL）	20（14.9 mL）	25

备注：1 mL10%KCl含1.34 mmolKCl，每小时钾离子补充量不超过0.5 mmol/L

氯化钾缓释片
Potassium Chloride Sustained-Release Tablets

【适应证】用于治疗或预防低血钾症。

【规格】500 mg

【用法用量】一次量40~80 mg。

碳酸氢钠注射液
Sodium Bicarbonate Injection

【适应证】治疗代谢性酸中毒。碱化尿液，弱有机酸类药物（如磺胺类、水杨酸类）中毒时等。

【药理作用】本品内服后能迅速中和胃酸，减轻疼痛，但作用持续时间短。内服或静脉注射碳酸氢钠能直接增加机体的碱储备，迅速纠正代谢性酸中毒，并碱化尿液。

【不良反应】大剂量注射时可引起代谢性碱中毒、低血钾症。出现心律失常、肌肉痉挛。剂量过大或肾功能不全动物可出现水肿、肌肉疼痛等症状。内服时刻在胃内产生大量的二氧化碳，引起胃肠充气。

【注意事项】

1. 碳酸氢钠注射液应避免与酸性药物、复方氯化钠、硫酸镁、盐酸氯丙嗪注射液等混合应用。

2. 对组织有刺激性，静注时勿漏出血管外。

3. 用量要适当，纠正严重酸中毒时，应测定二氧化碳结合力，作为用量依据。

4. 充血性心力衰竭、肾功能不全、水肿、缺钾等动物慎用。

【规格】（1）250 mL∶12.5 g　（2）500 mL∶25 g

三　其他

注射用辅酶A
Coenzyme A for Injection

【适应证】 本品为体内乙酰化反应的辅酶，对脂肪、蛋白质及糖的代谢起重要作用。动物体内三羧酸循环的进行、肝糖原的贮存、乙酰胆碱的合成及血浆脂肪含量的调节等均起与辅酶A有密切关系，同时辅酶A与机体解毒过程的乙酰化有关。体内乙酰化的辅酶。主要用于白细胞减少症及原发性血小板减少性紫癜。

【禁忌证】 急性心肌梗死禁用。

【注意事项】 与ATP、细胞色素C等合用效果更好。

【规格】（1）100 U　（2）200 U

【用法与用量】 静脉滴注或肌内注射，犬、猫一次量25~50 U，一日1~2次。

三磷酸腺苷（ATP）
Adenosine Triphosphate

【适应证】 辅酶，具高能键中的能量供肌肉活动和合成代谢的需要。在体内生化反应等过程中需要能量时，三磷酸腺苷分解为二磷酸腺苷及磷酸基，同时释放出大量的自由能，以供体内需能反应的进行。用于进行性肌萎缩、腹出血后遗症、心功能不全、心肌疾患及肝炎等的辅助治疗。

【禁忌证】窦房结综合征、窦房结功能不全、老龄动物慎用或禁用。

【规格】（1）20 mg （2）2 mL：20 mg

【用法与用量】静脉缓慢滴注，犬、猫一次量10~20 mg，用生理盐水稀释，常与辅酶A合用。

第十四部分

泌尿系统用药

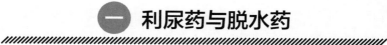

一 利尿药与脱水药

呋塞米（速尿）
Furosemide

【适应证】水肿性疾病、高血压、预防急性肾衰竭。高钾血症及高钙血症。稀释性低钠血症。抗利尿激素分泌过多症。急性药物毒物中毒如巴比妥类药物中毒等。

【药理作用】本品主要作用于肾小管髓袢升支髓质部，抑制其对Cl^-和Na^+的重吸收，对升支的皮质部也有作用。内服易吸收，犬内服后约1~2 h血药浓度达峰值，生物利用度可达77%，半衰期为1~1.5 h。

【不良反应】可诱发低血钠、低钙、低血钾等电解质失衡及胃肠道功能紊乱。另外，在脱水动物易出现氮血症。大剂量静注可引起耳毒性等。

【禁忌证】无尿症、呋塞米过敏动物禁用。肝功能损伤，糖尿病，水、电解质紊乱动物慎用。

【规格】（1）2 mL：20 mg （2）20 mg

【用法与用量】口服、皮下或肌内注射，或静脉滴注，每千克体重2~4 mg，一日2次。

甘露醇注射液
Mannitol Injection

【适应证】用于脑水肿、脑炎等的辅助治疗。

【药理作用】本品为高渗性脱水剂。静脉注射高渗甘露醇后可提高血浆胶体渗透压，使组织（包括眼、脑、脑脊液）细胞间液水分向血浆转移，产生组织脱水作用，从而可降低颅内压和眼内压。进入体内的甘露醇迅速通过肾小球的滤过，在肾小管很少被重吸收，形成高渗，阻止了水在肾小管内的重吸收，并间接抑制肾小管对Na^+、K^+、Cl^-及其他电解质（如Ca^{2+}、Mg^{2+}，磷酸盐）的重吸收，从而产生利尿作用。此外，甘露醇通过防止有毒物质在小管液内的积聚或浓缩，对肾脏产生保护作用。

【不良反应】

1. 水和电解质紊乱最为常见。① 快速大量静注甘露醇可引起体内甘露醇积聚，血容量迅速大量增多（尤其是急、慢性肾衰竭时），导致心力衰竭（尤其有心功能损害时），稀释性低钠血症，偶可致高钾血症。② 不适当的过度利尿导致血容量减少，加重少尿。③ 大量细胞内液转移至细胞外可致组织脱水，并可引起中枢神经系统症状。

2. 寒战、发热。

3. 排尿困难。

4. 血栓性静脉炎。

5. 甘露醇外渗可致组织水肿、皮肤坏死。

6. 过敏引起皮疹、荨麻疹、呼吸困难、过敏性休克。

7. 头晕、视力模糊。

8. 高渗引起口渴。

9. 渗透性肾病（或称甘露醇肾病），主要见于大剂量快速静脉滴注时。其机理尚未完全阐明，可能与甘露醇引起肾小管液渗透压上升过高，导致肾小管上皮细胞损伤。病理表现为肾小管上皮细胞肿胀，空泡形成。临床上出现尿量减少，甚至急性肾衰竭。渗透性肾病常见于老龄肾血流量减少及低钠、脱水患者。

【禁忌证】

1. 已确诊为急性肾小管坏死的无尿患者，包括对试用甘露醇无反应者，因甘露醇积聚引起血容量增多，加重心脏负担。

2. 严重失水者。

3. 颅内活动性出血者，因扩容加重出血，但颅内手术时除外。

4. 急性肺水肿，或严重肺淤血。

【注意事项】

1. 除作肠道准备用，均应静脉内给药。

2. 甘露醇遇冷易结晶，故应用前应仔细检查，如有结晶，可置热水中或用力振荡待结晶完全溶解后再使用。当甘露醇浓度高于15%时，应使用有过滤器的输液器。

3. 根据病情选择合适的浓度，避免不必要地使用高浓度和大剂量。

4. 使用低浓度和含氯化钠溶液的甘露醇能降低过度脱水和电解质紊乱的发生机会。

5. 用于治疗水杨酸盐或巴比妥类药物中毒时，应合用碳酸氢钠以碱化尿液。

6. 下列情况慎用：① 明显心肺功能损害者，因本药所致的突然血容量增多可引起充血性心力衰竭。② 高钾血症或低钠血症。③ 低血容量，应用后可因利尿而加重病情，或使原来低血容量情况被暂时性扩容所掩盖。④ 严重肾衰竭而排泄减少使本药在体内积聚，引起血容量明显增加，加重心脏负荷，诱发或加重心力衰竭。⑤ 对甘露醇不能耐受者。

7. 给大剂量甘露醇不出现利尿反应，可使血浆渗透浓度显著升高，故应警惕血高渗发生。

8. 随访检查：① 血压。② 肾功能。③ 血电解质浓度，尤其是Na^+和K^+。④ 尿量。

【规格】250 mL : 50 g

【用法与用量】

1. 利尿：每千克体重0.25~2 g或每平方米体表面积60 g，以15%~20%溶液2~6 h内静脉滴注。

2. 治疗脑水肿、颅内高压和青光眼：每千克体重1~2 g或每平方米体表面积30~60 g，以15%~20%浓度溶液于30~60 min内静脉滴注。动物衰弱时剂量减至每千克体重0.5 g。

3. 鉴别肾前性少尿和肾性少尿：每千克体重0.2 g或每平方米体表面积6g，以15%~25%浓度静脉滴注3~5 min，如用药后2~3 h尿量无明显增多，可再用1次，如仍无反应则不再使用。

4. 治疗药物、毒物中毒：每千克体重2 g或每平方米体表面积60 g以5%~10%溶液静脉滴注。

石淋通片
Shilintong Tablets

【适应证】本品为广金钱草浸膏片，清除湿热，利尿排石。用于湿热蕴结所致的淋沥涩痛，尿路结石，肾盂肾炎。

【规格】0.12 g

【用法与用量】口服，一次1片，一日2次。

金钱化石胶囊
Jinqian Huashi Capsules

【适应证】清热解毒，调理气血，通淋排石，常用于肾和尿路结石，也可作为手术后的调理药物，以防尿石复发，常用于肾和尿路结石。

【规格】5 g

【用法与用量】口服，每10 kg体重1粒，一日2次，30 d一疗程。

二　保肾药

肾宝胶囊
Shen Bao Capsules

【主要成分】车前子壳，长双歧杆菌和嗜酸性乳杆菌。

【适应证】降低尿素氮、肌酐等含氮废物，缓解尿毒症的症状。

【规格】60粒

【用法与用量】口服，体重小于 2.5 kg：一次1粒，一日1次。体重 2.5~5.5 kg：一次1粒，一日2次。体重大于 5.5 kg：早晨2粒，晚上1粒。

肾康
Ipakitine

【主要成分】碳酸钙，聚氨基葡萄糖，乳糖等。

【适应证】适用于急、慢性肾衰竭，可降低磷对肾脏的损害、黏合尿毒素。

【规格】180 g

【用法与用量】口服，每5 kg体重1 g，一日2次，最宜餐间服用，保证充足饮水。

肾衰停胶囊
RenAvast™ Capsules

【主要成分】复合氨基酸和活性肽。

【适应证】用于治疗和预防肾功能衰竭。

【规格】300 mg

【用法与用量】将胶囊内容物与少量湿粮混合饲喂，如果是干食物，可以先用少量的水把食物弄湿，以确保胶囊有效成分黏到食物上吃掉。体重小于5 kg猫及小型犬：一次1粒，一日2次；5~10 kg猫及小型犬：一次2粒，一日2次。

猫康咪钾口服液
Kaminox Solution for Cat

【主要成分】葡萄糖酸钾，螺旋藻，复合维生素B，氨基酸复合物。

【适应证】适用于因慢性肾衰竭等原因引起的低钾血症。

【规格】60 mL

【用法与用量】摇匀使用，直接或与食物混合使用。每4.5 kg体重2 mL，一日1~3次，或遵医嘱。

活肾片
De-Phos Tablets

【主要成分】柠檬酸铁。

【药理作用】有效结合饮食中的磷酸盐降低血磷；改善、治疗代谢性酸血症；逆转治疗、预防软组织钙化等病变；缓解、预防缺铁性贫血；有助于预防钙性结石产生。

【注意事项】

1. 服用柠檬酸铁可能出现深色或黑色粪便。

2. 服用期间不建议与含铝盐制剂并用。

【规格】每粒含柠檬酸铁100 mg

【用法与用量】口服，每5 kg体重1粒，一日2~3次，随餐或餐后给予。

尿毒清颗粒（无糖型）
Niaoduqing Keli（Wu tang xing）

【主要成分】大黄，黄芪，桑白皮，苦参，白术，茯苓，制何首乌，白芍，丹参，车前草。

【适应证】通腑降浊、健脾利湿、活血化瘀。用于慢性肾衰竭，氮质血症期和尿毒症早期、中医辨证属脾虚湿浊症和脾虚血瘀症动物。可降低肌酐、尿素氮，稳定肾功能，延缓透析时间。对改善肾性贫血，提高血钙、降低血磷也有一定的作用。

【规格】5 g

【用法与用量】口服，每20 kg体重1袋，一日2次。

别嘌醇缓释胶囊
Allopurinol Sustained-Release Capsules

【适应证】该品为抗痛风药，用于：① 慢性原发性或继发性痛风的治疗，而对急性痛风发作无效，因该品无消炎作用，并有可能加重或延长急性期的炎症。控制急性痛风发作时，须同时应用秋水仙碱或其他消炎药，尤其是在治疗开始的几个月内。② 用于治疗伴有或不伴有痛风症状的尿酸性肾病。③ 用于反复发作性尿酸结石动物，以预防结石的形成。④ 用于预防白血病、淋巴瘤或其他肿瘤在化疗或放疗后继发的组织内尿酸盐沉积、肾结石等。对于已经形成的尿酸结石，也有助于结石的重新溶解。该品主要用于治疗痛风和防止痛风性肾病、继发性高尿酸血症以及重症癫痫的辅助治疗。

【不良反应】

1. 胃肠道反应：可能会引起消化功能失调，如上腹痛、恶心、腹泻，很少因此而停药，饭后用药可减轻或避免消化系统的副作用。

2. 皮疹：一般为丘疹样红斑、湿疹或痒疹。如皮疹广泛而持久，经对症处理无效并有加重趋势时必须停药。

3. 罕见有白细胞减少，血小板减少，贫血，骨髓抑制，主要发生在肾功能不全动物中，如发生此类不良反应，均应考虑停药。

4. 其他有脱毛、发热、淋巴结肿大、肝毒性、间质性肾炎及过敏性血管炎等。上述不良反应一般在停药后均能恢复正常。

【禁忌证】

1. 对本品及其辅料过敏动物。

2. 严重肝、肾功能不全的动物。

3. 明显血细胞低下动物。

4. 哺乳期动物。

【注意事项】

1. 本品不能控制痛风性关节炎的急性炎症症状，不能作为抗炎药使用。因为本品促使尿酸结晶重新溶解时可再次诱发并加重关节炎急性期症状。本品必须在痛风性关节炎的急性炎症症状消失后（一般在发作后两周左右）方开始应用。

2. 服药期间应多饮水，并使尿液呈中性或碱性以利尿酸排泄。

3. 本品用于血尿酸和24 h尿尿酸过多、或有痛风石、或有泌尿系统结石以及不宜用促尿酸排除药动物。

4. 与排尿酸药合用可加强疗效，不宜与铁剂同服。

5. 用药前及用药期间要定期检查血尿酸及24 h尿尿酸水平。

6. 有肾、肝功能损害动物及老龄动物应谨慎用药。

7. 用药期间应定期检查血象及肝肾功能。

【规格】0.25 g

【用法与用量】口服，每20 kg体重1粒，一日1次。

三　黏膜保护药

优泌乐风味片
Urinaid Tablets

【主要成分】每片含D甘露醇200 mg，蔓越莓125 mg，石榴75 mg，印度人参40 mg。

【适应证】辅助治疗犬泌尿道感染，减少抗菌药用量并防止耐药。

【用法与用量】餐前直接喂食，或遵医嘱。

体重（kg）	剂量
<10 kg	1片
10~19 kg	1.5片
20~29 kg	2片
>30 kg	3片

咪尿通胶囊
Cystaid Plus Capsules for Cats

【主要成分】每粒含N–乙酰D–氨基葡萄糖125 mg，L–茶氨酸25 mg，槲皮素20 mg。

【适应证】帮助恢复膀胱黏膜多糖保护层，降低膀胱壁渗透性，同时可减轻膀胱壁炎症，减轻应激。主要用于治疗猫特发性膀胱炎和其他下泌尿道疾病。

【规格】30粒/盒

【用法与用量】整服或打开与食物混匀服用。体重大于等于5 kg猫，酌情加量，或遵医嘱。

首次用药（连用3~4周）	2粒/日
维持用药（长期）	1粒/日

犬尿通胶囊
Cystaid Capsules for Dogs

【主要成分】每粒含N–乙酰D–氨基葡萄糖500 mg。

【适应证】帮助恢复膀胱黏膜多糖保护层，降低膀胱壁渗透性，减轻膀胱壁炎症。主要用于预防化疗药物导致的间质性膀胱炎，辅助治疗膀胱结石和感染性膀胱炎，在膀胱手术前后使用帮助膀胱壁恢复。

【规格】120粒/瓶

【用法与用量】整服或打开与食物混匀服用。

首次用药（连用3~4周）	10 kg体重1粒，一日1次
维持用药（长期）	10 kg体重1粒，隔日1次

第十五部分

生殖系统用药

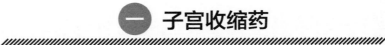

一 子宫收缩药

缩宫素注射液
Oxytocin Injection

【**适应证**】用于引产、催产、产后及流产后因宫缩无力或缩复不良而引起的子宫出血。了解胎盘储备功能（催产素激惹试验）。

【**药理作用**】本品为多肽类激素子宫收缩药。刺激子宫平滑肌收缩，模拟正常分娩的子宫收缩作用，导致子宫颈扩张，子宫对缩宫素的反应在妊娠过程中逐渐增加，足月时达高峰。刺激乳腺的平滑肌收缩，有助于乳汁自乳房排出，但并不增加乳腺的乳汁分泌量。能选择性兴奋子宫，加强子宫平滑肌的收缩。

【**不良反应**】偶有恶心、呕吐、心率加快或心律失常。大剂量应用时可引起高血压或水滞留。

【**禁忌证**】骨盆过窄，产道受阻，明显头盆不称及胎位异常，有剖腹产史，子宫肌瘤剔除术史动物及脐带先露或脱垂、前置胎盘、胎儿窘迫、宫缩过强、子宫收缩乏力长期用药无效、产前出血（包括胎盘早剥）、多胎妊娠、子宫过大（包括羊水过多）、严重的妊娠高血压综合征。

【**注意事项**】

1. 下列情况应慎用：心脏病、临界性头盆不称、曾有宫腔内感染史、宫颈曾经手术治疗、宫颈癌、早产、胎头未衔接，用药时应警惕胎儿异常及子宫破裂的可能。

2. 骶管阻滞时用缩宫素，可发生严重的高血压，甚至脑血管破裂。

3. 用药前及用药时需检查及监护：① 子宫收缩的频率、持续时间及强度。② 怀孕动物脉搏及血压。③ 胎儿心率。④ 静止期间子宫肌张力。⑤ 胎儿成熟度。⑥ 骨盆大小及胎先露下降情况。⑦ 出入液量的平衡（尤其是长时间使用动物）。

【**规格**】1 mL：10 U

【**用法与用量**】

1. 引产或催产：静脉滴注，每千克体重0.1 U，0.002~0.005 U/min。

用氯化钠注射液稀释至0.01 U/mL。静脉开始时不超过0.001~0.002 U/min，每15~30 min增加0.001~0.002 U，至达到宫缩与正常分娩期相似，最快不超过0.02 U/min。

2. 控制产后出血：静脉滴注，0.02~0.04 U/min，胎盘排出后可肌内注射5~10 U。

马来酸麦角新碱注射液
Ergometrine Maleate Injection

【适应证】主要用于产后止血及加速子宫复旧。

【药理作用】本品能选择性的作用于子宫平滑肌，作用强而持久。临产前子宫或分娩后子宫最敏感。麦角新碱对子宫体和子宫颈都具兴奋性效应，稍大剂量即引起强直收缩，故不适于催产和引产。临床上用于治疗产后子宫出血、产后子宫恢复不全等。

【注意事项】

1. 胎儿未娩出前或胎盘未排出前均禁用。

2. 不宜与缩宫素及其他麦角制剂联用。

【规格】1 mL：0.2 mg

【用法与用量】肌内或静脉注射，犬一次量0.1~0.4 mg，猫一次量0.1 mg，必要时可2~4 h重复注射1次，最多3次。静脉注射时需稀释后缓慢注入，至少1 min。

二 性激素

甲睾酮片（甲基睾丸酮片）
Methyltestosterone Tablets

【适应证】临床用于雄性动物性腺机能减退症，无睾症及隐睾症。雌性动物疾病，如经血过多、子宫肌瘤、子宫内膜异位症。老龄动物骨质疏松症及幼龄动物再生障碍性贫血。

【药理作用】本品属人工合成的雄激素。能促进雄性生殖器官及副性征的发育、成熟。兴奋中枢神经系统，引起性欲和性兴奋。还有对抗雌激素，抑制子宫内膜生长及卵巢、垂体功能。此外，甲睾酮还可促进蛋白质合成及骨质形成；刺激骨髓造血功能，使红细胞和血红蛋白增加。

【不良反应】本品长期大剂量使用可引起雌性动物雄性化，水肿，肝损害，头晕等症状。

【禁忌证】肝病、肾炎、前列腺癌动物禁用。

【注意事项】有过敏反应动物应停药。

【规格】5 mg

【用法与用量】口服，犬每千克体重0.5 mg，一日1次，连用5~7 d。

犬用丙酸睾酮注射液（宠雄素）
Testosterone Propionate Injection for Dogs

【主要成分】每毫升含丙酸睾酮25 mg。

【适应证】主要用于治疗雄性激素缺乏症，再生障碍性贫血或用于其他贫血性疾病的辅助治疗。

【药理作用】丙酸睾酮是一种雄性激素，有着和天然激素相似的生物学活性和治疗效果。丙酸睾酮能促进雄性生殖器官的发育，兴奋中枢神经系统，引起性欲和性兴奋。大剂量的丙酸睾酮可以刺激骨髓造血机能。

【注意事项】在兽医指导下使用；避免儿童接触。

【规格】2 mL：50 mg（以丙酸睾酮计）

【用法与用量】仅限犬用。肌内注射，一次量20~50 mg，一周注射2~3次，或遵医嘱。

黄体酮注射液
Progesterone Injection

【适应证】用于功能性子宫出血、黄体功能不足，先兆流产和习惯性流产（因黄体不足引起）。

【药理作用】本品为孕激素类药物，具有孕激素的一般作用，在经期周期后期能使子宫内膜改变为分泌期，为孕卵着床提供有利条件，在受精卵植入后，胎盘形成，可减少妊娠子宫的兴奋性，使胎儿能安全生长。在与雌激素共同作用时，可促进乳房发育，为泌乳做准备。本品可通过对下丘脑的负反馈，抑制垂体前叶促黄体生成激素的释放，使卵泡不能发育成熟，抑制卵巢的排卵过程。

【不良反应】偶见呕吐、疲倦、乳房肿胀，长期连续使用可导致经血减少或闭经、肝功能异常、水肿、体重增加等。

【禁忌证】严重肝损伤动物禁用。

【注意事项】

1. 肾病、心脏病水肿、高血压动物慎用。

2. 对早期流产以外的动物投药前应进行全面检查，确定属于黄体功能不足再使用。

【规格】1 mL：20 mg

【用法与用量】肌内注射，一次量，犬2~5 mg，猫1~2 mg。

醋酸甲地孕酮片
Megestrol Acetate Tablets

【适应证】用于功能性子宫出血、子宫内膜异位症。晚期乳腺癌和子宫内膜腺癌。用于短效复方口服避孕片的孕激素成分。

【药理作用】本品为孕激素，对垂体促性腺激素的释放有一定的抑制作用。不具有雌激素和雄激素样活性，但有明显抗雌激素作用。与雌激素合用，抑制排卵。动物致畸试验表明对家兔具有死胎率增加和致畸作用。

【不良反应】主要为恶心、呕吐、倦怠。突破性出血。孕期服用有比较明确的增加雌性后代雄性化的作用。

【禁忌证】严重肝、肾功能不全的动物禁用。乳房肿动物禁用。妊娠及哺乳期动物禁用。

【注意事项】

1. 有子宫肌瘤、血栓病史和高血压、糖尿病、哮喘病、癫痫动物慎用。

2. 长期用药注意检查肝功能、乳房检查。

【规格】1 mg

【用法与用量】口服，一次量，犬0.2~1 mg，猫0.2~0.5 mg，一日1次。

苯甲酸雌二醇注射液
Estradiol Benzoate Injection

【适应证】① 补充雌激素不足，如萎缩性阴道炎、雌性性腺功能不良、卵巢切除、原发卵巢衰竭等。② 晚期前列腺癌（乳腺癌、卵巢癌动物禁用）。③ 与孕激素类药物合用，能抑制排卵。④ 功能性子宫出血、子宫发育不良。

【药理作用】雌激素类药，可促进未成熟性器官及第二性征发育。可使阴道上皮、子宫内膜增生，增强子宫平滑肌收缩。促进乳腺发育增生。大剂量抑制催乳素释放，对抗雄激素作用，并能增加钙在骨中沉着。

【不良反应】可能有呕吐、乳房肿胀，偶见血栓症、皮疹、水钠潴留等。

【禁忌证】血栓性静脉炎、肺栓塞动物禁用。肝肾疾病动物，与雌激素有关的肿瘤动物（如乳腺癌、阴道癌、子宫颈癌）禁用。妊娠及哺乳期动物禁用。子宫肌瘤、心脏病、癫痫、糖尿病及高血压动物慎用。

【注意事项】

1. 用药后第一次发情不宜配种，易出现不孕或产仔少，待第二次发情时配种为宜。

2. 若第一次用药后未出现发情，可于第5 d再注射一次。

【规格】（1）1 mL：1 mg （2）1 mL：5 mg

【用法与用量】肌内注射，一次量，犬0.2~1 mg，猫0.2~0.5 mg。

复方苯甲酸雌二醇注射液（促情孕宝注射液）
Compound Estradiol Benzoate Injection

【主要成分】苯甲酸雌二醇，黄体酮，丙酸睾酮。

【适应证】促进雌性发情，并可诱导排卵，具有安胎和提高繁殖能力等功效。

【药理作用】激素类药，苯甲酸雌二醇为雌激素类药，可促进未成熟性器官及第二性征发育，可使阴道上皮、子宫内膜及子宫平滑肌增生。促进发情，并可诱导排卵；黄体酮为孕激素类药，可在雌激素的作用基础上，使子宫内膜腺体进一步生长，内膜充血增厚，有利于受精卵着床及发育，具有安胎作用；丙酸睾酮为雄激素类药，可与苯甲酸雌二醇、黄体酮互相协调、互相促进，从而有效地促进雌性动物发情、诱导排卵和增强其繁殖能力。

【不良反应】【禁忌证】【注意事项】同苯甲酸雌二醇。

【规格】2 mL

【用法与用量】肌内注射，一次量，犬0.2~1 mg，猫0.2~0.5 mg。

环戊丙酸雌二醇注射液
Estradiol Cypionate Injection

【适应证】环戊丙酸雌二醇为长效雌激素，其作用比戊酸雌二醇强而持久，维持时间3~4周以上。临床用于卵巢功能不全、老龄性阴道炎及前列腺癌等。亦可作长效避孕针。

【药理作用】环戊丙酸雌二醇的药理作用与雌二醇基本相同。雌二醇能通过减少下丘脑促性腺激素释放激素（gonadotropin-releasing hormone，GnRH）的释出，导致促卵泡激素（follicle stimulating hormone，FSH）、促黄体生成激素（luteinizing hormone，LH）和催乳素从垂体的释放也减少，从而抑制了排卵。雄性LH分泌减少可使睾丸分泌睾酮降低。

【不良反应】【禁忌证】【注意事项】同苯甲酸雌二醇。

【规格】1 mL：1 mg

【用法与用量】肌内注射，犬每千克体重0.044 mg。

乙烯雌酚
Diethylstilbestrol

【适应证】主要用于卵巢功能不全或垂体功能异常引起的各种疾病、子宫发育不全、功能性子宫出血、老龄性阴道炎等。

【不良反应】恶心、呕吐、厌食、头痛等。

【禁忌证】肝、肾病动物忌用。

【注意事项】长期应用可使子宫内膜增生过度而导致子宫出血与子宫肥大。应按指定方法服用，中途停药可导致子宫出血。

【规格】（1）1 mg （2）1 mL：2 mg

【用法与用量】肌内注射，一次量，犬0.2~1 mg，猫0.2~0.5 mg。

三 促性腺激素与促性腺激素释放激素

注射用绒促性素
Chorionic Gonadotropin for Injection

【适应证】用于性功能障碍、习惯性流产及卵巢囊肿等。

【药理作用】本品具有促卵泡素（FSH）和促黄体素（LH）样作用。对雌性动物可促进卵泡成熟、排卵和黄体生成，并刺激黄体分泌孕激素。对未成熟卵泡无作用。对雄性动物可促进睾丸间质细胞分泌雄激素，促使性器官、副性征发育、成熟，并促进精子生成。

【注意事项】

1. 不宜长期应用，以免产生抗体和抑制垂体促性腺功能。

2. 本品溶液不稳定，且不耐热，应在短时间内用完。

【规格】2000 U

【用法与用量】肌内注射，一次量，犬100~500 U，一周2~3次。临用前，以专用配套溶媒2~5 mL稀释。

注射用血促性素（注射用孕马血清）
Serum Gonadotrophin for Injection (Pregnant Mares' Serum Gonadotrophin)

【适应证】激素类药，具有促卵胞素和促黄体素活性。可诱导发情，促进卵泡发育成熟和排卵。促进雄性动物性欲，并促使精子的形成，主要用于雌性动物催情和促进卵泡发育，也用于胚胎移植时的超数排卵。

【不良反应】个别动物有过敏现象，用地塞米松或肾上腺素，常规处理即可。

【注意事项】

1. 禁用于促生长，使用本品后一般不能再用其他激素，本品在水溶液中易失效，宜现用现配。

2. 为提高超排效果，后期配合孕马血清促性腺激素抗体。

3. 为促进排卵，受孕效果，可在配种时注射促黄体素释放激素A_3或人绒毛膜促性腺激素hCG。

【规格】1000 U

【用法与用量】皮下或肌内注射。一次量，犬25~200 U，猫25~100 U。临用前，以专用配套溶媒2~5 mL稀释。

注射用促黄体素释放激素A_3
Luteinizing Hormone Releasing Hormone A_3 for Injection

【适应证】激素类药。用于治疗排卵迟滞、卵巢静止、持久黄体、卵巢囊肿。

【药理作用】本品能促使动物垂体前叶释放促黄体素（LH）和促卵泡素（FSH）。兼具有促黄体素和促卵泡素的作用。

【注意事项】使用本品后一般不再使用其他类激素。

【规格】25 μg

【用法与用量】肌内注射，一次量，犬10~25 μg，猫10~15 μg。

注射用醋酸曲普瑞林
Triptorelin Acetate for Injection

【适应证】子宫内膜异位症、子宫肌瘤、激素依赖性前列腺癌等，也可用于辅助生育技术。

【药理作用】本药之活性成分是合成的促性腺激素释放激素的类似物，其结构改良是将天然分子结构中的第六个左旋甘氨酸被右旋色氨酸所取代，使其作用更为显著和血浆半衰期更长。药物注射后，最初可刺激垂体释放促黄体生成素和促卵泡素，约两周后，因降调节作用，垂体进入不应期，垂体释放促性腺激素明显减少，因而使性类固醇降低至去势水平，停药后可恢复。内源性黄体生成素过高影响诱发排卵效果，用药使垂体释放黄体生成素明显减少后，可提高诱发排卵效果。雌激素降低到去势水平对雌激素依赖性疾病有治疗作用。

【不良反应】

1. 用药初期会使原有症状加重。

2. 卵巢不应期主要出现雌激素低下症状，轰热、出汗、外阴阴道萎缩引起的阴道干燥、性欲减退和性交困难。

3. 治疗超过6个月会造成骨量丢失。

4. 极个别出现瘙痒、皮疹、高热、过敏症。

【禁忌证】妊娠期禁用。

【注意事项】治疗期间应密切监测性类固醇血清水平。少数雄性动物在治疗开始时，因血清睾丸酮含量短暂的增加，可引至暂时性尿道梗阻或骨骼疼痛等症状。因此，在治疗的第1周内需严密监护，在疗程开始时使用抗雄激素药物，以防止血清睾丸酮水平暂时性增加。如因雌激素低下引起的症状难以坚持治疗时，可补充少量雌激素缓减症状。

【规格】3.75 mg

【用法与用量】皮下或肌内注射，犬每20 kg体重3.75 mg。一周1次，不超过3次。

四 前列腺素

氯前列醇钠注射液
Cloprostenol Sodium Injection

【适应证】激素类药。有溶解黄体的作用，主要用于控制同期发情和诱导分娩。亦可用于治疗卵巢囊肿，产后子宫复旧不全、胎衣不下、子宫内膜炎和子宫积脓。

【药理作用】本品为人工合成的前列腺素F2α同系物。具有强大的溶解黄体的作用，能迅速引起黄体消退，并抑制其分泌，促使血液中的孕酮水平降低。可特异性兴奋妊娠子宫、非妊娠子宫，对子宫颈肌肉有舒张作用，可改变子宫及输卵管的张力，有利于精子和卵子的结合。

【注意事项】

1. 本品易被皮肤吸收，操作时应小心谨慎，意外洒在皮肤上应立即清洗。

2. 怀孕动物禁用。

3. 不能与非类固醇抗炎药物同时使用。

4. 哮喘动物慎用。

【规格】 2 mL：0.2 mg

【用法与用量】 开放性子宫积脓：肌内注射，每千克体重1~5 μg，一日1次，连用2~3 d，初期给药减半，2~3 d内逐渐升至全剂量。

氨基丁三醇前列腺素F2α注射液（律胎素注射液）
Prostaglandin F2α Tromethamine Injection (Lutalyes Sterile Solution)

【主要成分】 氨基丁三醇前列腺素F2α又名地诺前列腺素（PGF2α），也被称为黄体溶解素。

【适应证】 氨基丁三醇前列腺素F2α有溶解黄体的作用，主要用于控制同期发情和诱导分娩。亦可用于治疗卵巢囊肿，产后子宫复旧不全、胎衣不下、子宫内膜炎和子宫积脓。

【不良反应】 副作用包括不安、唾液分泌过多、呕吐、喘气、排便、腹痛、心动过速和发热。用前列腺素治疗有效后，可能复发。

【规格】 1 mL：5 mg

【用法与用量】 皮下注射，犬按体重，第一天每千克体重0.1 mg，第二天每千克体重0.2 mg，之后一次每千克体重0.25 mg，一日1次，连用5~7 d。

五　其他

普乐安片（前列康片）
Pulean Tablets

【适应证】 补肾固本。用于肾气不固，腰膝酸软，尿后余沥或失禁及慢性前列腺炎、前列腺增生等。

【规格】0.5 g

【用法与用量】口服，每千克体重0.1 g，一日1~2次。

精赞胶囊（犬生殖性能强效胶囊）
Fert-Super Capsules

【适应证】当公犬出现性欲不佳或配种率下降时，当母犬出现不发情或延迟发情等不正常周期时。

【规格】500 mg

【用法与用量】口服，每10 kg体重1粒，一日1次，或分2次服用。配种季节前维持30~90 d，或遵医嘱。

溴隐亭片
Bromocriptine Tablets

【适应证】临床常用于治疗假孕及高催乳素血症引起的各种病症。亦可用于终止妊娠（妊娠后期）。

【药理作用】

内分泌学：本药抑制垂体前叶激素催乳素的分泌，而不影响其他垂体激素。可用于治疗由催乳素过高引起的各种病症。抑制或缩小催乳素瘤；恢复黄体生成素的正常分泌，从而改善多囊卵巢综合征的临床症状；减少乳房囊肿及/或小结的数量和体积；减轻孕激素/雌激素不平衡所致的乳房疼痛。对肢端肥大症患病动物，本药能降低血浆中生长激素和催乳素水平，改善临床症状和糖耐量。

神经学：在使用比治疗内分泌适应证高的剂量时，溴隐亭可激动多巴胺受体，使纹状体内的神经化学恢复平衡，改善震颤，僵直，活动迟缓等症状。

【不良反应】眩晕、疲乏、恶心、呕吐、低血压。使用高剂量时可见便秘、嗜睡，偶见精神紊乱、精神运动性兴奋、幻觉、运动障碍、口干及四肢痉挛，降低剂量即可控制。

【禁忌证】妊娠期和哺乳期禁用，除非旨在其流产（参见适应证）。

禁用于对麦角衍生物敏感的动物。肝功能损伤、消化道溃疡、高血压，或有严重心血管疾病史的患病动物慎用。

【注意事项】

1. 应从最低有效剂量开始，以避免造成泌乳素低水平而对黄体造成损害。

2. 诸如甲氧氯普胺或者吩噻嗪这样的多巴胺颉颃剂，可降低用药的效果，要避免同时使用。

【规格】2.5 mg

【用法与用量】口服，每千克体重20~30 μg，一日1次，连用2~16 d。

卡麦角林片
Cabergoline Tablets

【适应证】可用于犬的诱导发情，治疗原发性和继发性不发情，和治疗假孕及高催乳素血症引起的各种病症。亦可用于终止妊娠（妊娠后期）。

【药理作用】卡麦角林是一种合成的麦角衍生物，是与溴隐亭类似的多巴胺激动剂。卡麦角林对多巴胺（D2）受体具有高度的亲和力，且药效持续时间长。它直接抑制催乳素从垂体分泌。与溴隐亭相比，它具有更高的D2特异性，更长的持效时间，而且导致呕吐出现的趋向更低。

【不良反应】动物对卡麦角林通常具有较高的耐受性。偶有呕吐发生，但与食物一起给药可减轻症状。犬在服用卡麦角林超过14 d后，可表现被毛颜色改变。

【禁忌证】妊娠期禁用，除非旨在其流产（参见适应证）。肝功能损伤、消化道溃疡、高血压或有严重心血管疾病史的患病动物慎用。卡麦角林可抑制催乳素，所以禁用于哺乳期动物。

【注意事项】

1. 应从最低有效剂量开始，以避免造成泌乳素低水平而对黄体造成损害。

2. 当卡麦角林用于诱导发情时，推荐在上一发情周期后至少等待4个月，以求子宫复旧。

3. 诸如甲氧氯普胺或者吩噻嗪这样的多巴胺颉颃剂，可降低卡麦角林的效果，要避免同时使用。

4. 卡麦角林具有降低血压作用，所以它若与其他降压药一起使用，可能导致降低血压的加和效应。

【规格】0.5 mg

【用法与用量】口服，每千克体重5 μg，一日1次，连用7~10 d，或遵医嘱。

盐酸甲氧氯普胺注射液（胃复安注射液）
Metoclopamide Dihydrochloride Injection

【适应证】镇吐、催乳药。催乳可试用于乳量严重不足的动物。

【不良反应】【禁忌证】参见第十部分消化系统药物止吐药盐酸甲氧氯普胺注射液。

【规格】1 mL：10 mg

【用量与用法】皮下或肌内注射，每千克体重0.2~0.4 mg，隔6~8 h重复。

第十六部分

代谢调节药和内分泌系统用药

一 维生素类药

维生素A
Vitamin A

【**适应证**】临床上用于防治角膜软化症、干眼病、夜盲症及皮肤粗糙等维生素A缺乏症。亦可用于皮肤黏膜炎症的辅助治疗。

【**药理作用**】本品具有促进生长、维持上皮组织如皮肤、结膜、角膜等正常机能的作用，并参与视紫红质的合成，增强视网膜感光力，参与体内许多氧化过程，尤其是不饱和脂肪酸的氧化。缺乏时则停止生长，骨骼生长不良，繁殖能力下降，皮肤粗糙，干燥，角膜软化并发生干性眼炎和夜盲症。

【**不良反应**】过量可致中毒。动物急性中毒表现为兴奋、视力模糊、脑水肿、呕吐。慢性中毒表现为厌食、皮肤病变、内脏受损等。

【**注意事项**】用时应注意补充钙剂。维生素A容易因补充过量而中毒，中毒时应立即停用本品和钙剂。

【**规格**】

1. 维生素A胶丸：5000 U/粒。

2. 维生素AD油：每1 g含维生素A 5000 U与维生素D 500 U。

3. 维生素AD注射液：① 0.5 mL：维生素A 2.5万U与维生素D 2.5万U （2）5 mL：维生素A 25万U与维生素D 25万U。

【**用法与用量**】维生素A胶丸，口服，一次1粒，一日1～2次。维生素AD油，口服，一次量，犬5~10 mL。维生素AD注射液，肌内注射，一次量，2.5万U。

维生素A胶丸
Vitamin A Pills

【**适应证**】同维生素A。

【**规格**】5000 U/粒

【**用法与用量**】

1. 食品添加剂：口服，一次量，犬100~500 U，猫30~100 U，一日

1次，连用10~30 d。

2. 皮肤病、干眼病、夜盲症：口服，一次量，犬10000 U，猫5000 U，一日1次或多次。

维生素AD胶丸
Vitamin AD Pills

【适应证】夜盲症、佝偻病、软骨病、维生素A缺乏症。

【禁忌证】慢性肾衰竭、高钙血症、高磷血症伴肾性佝偻病动物禁用。

【规格】每粒含维生素A 10000 U和维生素D_2 1000 U。

【用法与用量】口服，一次1粒，一日1~2次。

维生素B_1片（硫胺素）
Vitamin B_1 Tablets

【适应证】本品主要用于预防和治疗维生素B_1缺乏症，还作为高热、中都损伤、神经炎和心肌炎的辅助治疗。

【药理作用】维生素B_1参与体内辅酶的形成，能维持正常糖代谢及神经、消化系统功能。摄入不足可致维生素B_1缺乏，严重缺乏可致"脚气病"，以及周围神经炎等。

【不良反应】推荐剂量的维生素B_1几乎无毒性，过量使用可出现头痛、疲倦、烦躁、食欲缺乏、腹泻、水肿。

【注意事项】

1. 必须按推荐剂量服用，不可超量服用。

2. 妊娠及哺乳期动物应在医师指导下使用。

3. 如服用过量或出现严重不良反应，请立即就医。

4. 对本品过敏者禁用，过敏体质者慎用。

5. 本品性状发生改变时禁止使用。

6. 请将本品放在儿童不能接触的地方。

7. 如正在使用其他药品，使用本品前请咨询医师或药师。

【规格】（1）5 mg　（2）10 mg

【用法与用量】口服，一次量，犬5~10 mg，猫5 mg，一日2次。

维生素B₁注射液
Vitamin B₁ Injection

【适应证】用于维生素B_1缺乏症，如多发性神经炎。也用于胃肠迟缓等。

【药理作用】本品在体内与焦磷酸结合成二磷酸硫胺（辅羧酶），参与体内糖代谢中丙酮酸、α-酮戊二酸的氧化脱羧反应，是糖代谢所必需。他对神经组织、心脏及消化系统的正常机能起着重要作用。

【注意事项】

1. 注射时偶见过敏反应，甚至休克。

2. 吡啶硫安素、氨丙啉是维生素B_1的颉颃物，饲料中此类物质添加过多会引起维生素B_1缺乏。

3. 与其他B族维生素或维生素C合用，可对代谢发挥综合疗效。

【规格】2 mL：50 mg

【用法与用量】皮下或肌内注射，一次量，犬10~25 mg，猫5~15 mg。

维生素B₂片（核黄素）
Vitamin B₂ Tablets

【适应证】本品主要用于维生素B_2缺乏症，如口炎、皮炎、角膜炎等。常与维生素B_1合用。

【药理作用】本品在氨基酸、脂肪酸和碳水化合物的代谢中起作用。此外，维生素B_2还是动物正常生长发育的必需因子。妊娠动物对本品需要量较高。当维生素B_2缺乏时，表现生长停滞，发炎、脱毛、眼炎、食欲不振、慢性腹泻、晶状体浑浊等症状。

【规格】（1）5 mg （2）10 mg

【用法与用量】口服，一次量，犬10~20 mg，猫5~10 mg。

维生素B₂注射液
Vitamin B₂ Injection

【适应证】用于防止维生素B₂缺乏症，如口炎、皮炎、角膜炎等。

【药理作用】本品是体内黄素酶类辅基的组成部分。黄素酶在生物氧化还原中发挥递氢作用，参与体内碳水化合物、氨基酸和脂肪的代谢，并对中枢神经系统营养、毛细血管功能具有重要的影响。

【注意事项】

1. 妊娠动物需要量较高。

2. 动物口服本品后，尿液呈黄色。

【规格】（1）1 mL：5 mg　（2）2 mL：10 mg

【用法与用量】皮下或肌内注射，一次量，犬10~20 mg，猫5~10 mg。

维生素B₆片
Vitamin B₆ Tablets

【适应证】适用于维生素B₆缺乏的预防和治疗，防治异烟肼中毒。也可用于减轻妊娠呕吐，治疗脂溢性皮炎等。全胃肠道外营养及因摄入不足所致营养不良、进行性体重下降时维生素B₆的补充。维生素B₆需要量增加（妊娠及哺乳期、甲状腺功能亢进、长期慢性感染、肠道疾病等）。

【药理作用】本品是吡哆醇、吡哆醛、吡哆胺3种吡啶衍生物的总称，三者在动物体内可相互转化，是动物体内某些辅酶的组成成分，参与氨基酸、蛋白质、脂肪和碳水化合物的物质代谢，为生长繁殖所必需。维生素B₆缺乏，除体重减轻、消瘦和红细胞性低色素性贫血外，犬还可发生皮炎和脱毛，猫则会引起肾损伤。

【不良反应】维生素B₆在肾功能正常时几乎不产生毒性，但长期、过量应用本品可致严重的周围神经炎、出现神经感觉异常、步态不稳、手足麻木。

【注意事项】

1. 不宜应用大剂量维生素B₆用以治疗未经证实有效的疾病。

2. 对诊断的干扰：尿胆元试验呈假阳性。

3. 必须按推荐剂量服用，不可超量服用，用药3周后应停药。

4. 妊娠及哺乳期动物应在医师指导下使用。

5. 如服用过量或出现严重不良反应，应立即就医。

6. 对本品过敏者禁用，过敏体质者慎用。

7. 本品性状发生改变时禁止使用。

【规格】10 mg

【用法与用量】口服，一次1片，一日2次。

维生素B$_6$注射液
Vitamin B$_6$ Injection

【适应证】同维生素B$_6$。

【规格】（1）1 mL：25 mg （2）1 mL：50 mg

【用法与用量】皮下、肌内或静脉注射，一次量，犬20~80 mg，一日1次。

维生素B$_{12}$片
Vitamin B$_{12}$ Tablets

【适应证】主要用于维生素B$_{12}$吸收不良、巨幼细胞性贫血，也可用于神经炎的辅助治疗。

【药理作用】本品为抗贫血药。维生素B$_{12}$在体内转化为甲基钴胺和辅酶B$_{12}$产生活性，甲基钴胺参与叶酸代谢，缺乏时妨碍四氢叶酸的循环利用，从而阻碍胸腺嘧啶脱氧核苷酸的合成，使DNA合成受阻，血细胞的成熟分裂停滞，导致巨幼细胞贫血；辅酶B$_{12}$促进脂肪代谢的中间产物甲基丙二酰辅酶A转变成琥珀酰辅酶A参与三羧酸循环，人体缺乏时引起甲基丙二酸排泄增加和脂肪酸代谢异常，同时影响神经髓鞘脂类的合成及维持有鞘神经纤维的正常功能，出现神经损害的临床症状。

【不良反应】有低血钾及高尿酸血症等不良反应报道。

【注意事项】

1. 痛风患病动物如使用本品，由于核酸降解加速，血尿酸升高，可诱发痛风发作，应加注意。

2. 神经系统损害动物，在诊断未明确前，不宜应用维生素B_{12}，以免掩盖亚急性联合变性的临床表现。

3. 维生素B_{12}缺乏可同时伴有叶酸缺乏，如以维生素B_{12}治疗，血象虽能改善，但可掩盖叶酸缺乏的临床表现；对该类患病动物宜同时补充叶酸，才能取得较好疗效。

4. 维生素B_{12}治疗巨幼细胞性贫血，在起始48 h，宜查血钾，以便及时发现可能出现的严重低血钾。

5. 抗菌药可影响血清和红细胞内维生素B_{12}测定，特别是应用微生物学检查方法，可产生假性低值。在治疗前后，测定血清维生素B_{12}时，应加注意。

【规格】25 μg

【用法与用量】口服，每20 kg体重25~100 μg，一日1次。

维生素B_{12}注射液
Vitamin B₁₂ Injection

参见第十二部分抗贫血药。

复合维生素B片
Compound Vitamin B Tablets

【主要成分】本品为复方制剂，每片含主要成分维生素B_1 3 mg、维生素B_2 1.5 mg、维生素B_6 0.2 mg、烟酰胺10 mg、泛酸钙1 mg。辅料为：淀粉、糊精、磷酸氢钙、硬脂酸镁。

【适应证】预防和治疗B族维生素缺乏所致的营养不良、厌食、脚气病、糙皮病等。

【药理作用】维生素B_1是糖代谢所需辅酶的重要组成成分。维生素B_2为组织呼吸所需的重要辅酶组成成分，烟酰胺为辅酶Ⅰ及Ⅱ的组分，脂质代谢，组织呼吸的氧化作用所必须。维生素B_6为多种酶的辅基，参与氨基酸及脂肪的代谢。泛酸钙为辅酶A的组分，参与糖、脂肪、蛋白质的代谢。

【不良反应】大剂量服用可出现烦躁、疲倦、食欲减退等。偶见皮肤潮红、瘙痒。尿液可能呈黄色。

【注意事项】

1. 用于日常补充和预防时,宜用最低量。用于治疗时,应咨询医师。

2. 对本品过敏动物禁用,过敏体质慎用。

3. 本品性状发生改变时禁止使用。

4. 肝、肾功能不全的动物慎用。

5. 如正在使用其他药品,使用本品前请咨询医师或药师。

【用法与用量】口服,一次量,犬1~2片,猫0.5~1片,一日2次。

复合维生素B注射液
Compound Vitamin B Injection

【适应证】同复合维生素B片。

【规格】2 mL

【用法与用量】肌内或皮下注射,一次量,0.5~1 mL。

维生素C片
Vitamin C Tablets

【适应证】用于防治坏血病,也可用于各种慢性传染性疾病及紫癜等辅助治疗。胃肠道疾病(长期腹泻、胃或结肠切除术后)、结核病、癌症、溃疡病、甲状腺功能亢进、发热、感染、损伤、烧伤、手术动物的辅助治疗。慢性铁中毒的治疗。特发性高铁血红蛋白的治疗。

【药理作用】维生素C参与氨基酸代谢及神经递质、胶原蛋白和组织细胞间质的合成,可降低毛细血管通透性,促进铁在肠内吸收,促使血脂下降,增强机体对感染的抵抗力,增强肝脏解毒功能。缺乏维生素C时可引起坏血病,主要表现为毛细血管脆性增加,易出血,骨质脆弱,贫血和抵抗力下降。

【注意事项】

1. 不能与碱性药物(碳酸氢钠等)、维生素B_{12}、维生素K_3等溶液混合注射,因易氧化失效。

2. 对氨基糖苷类、β-内酰胺类、四环素类等多种抗菌药具有不同程度的灭活作用，因此不宜与这些抗菌药混合注射。

3. 大剂量应用时可酸化尿液，是某些有机碱类药物排泄增加，并减弱氨基糖苷类药物的抗菌作用。

4. 因为在瘤胃内可被破坏，反刍动物不宜口服。

【规格】100 mg

【用法与用量】口服，一次量，犬1~2片，猫0.5~1片，一日2次。

维生素C注射液
Vitamin C Injection

【适应证】同维生素C。

【规格】2 mL：0.5 g

【用法与用量】肌内、皮下或静脉注射，一次量，0.1~0.5 g。

维生素D$_2$果糖酸钙注射液（维丁胶钙注射液）
Vitamin D$_2$ and Calcium Colloidal Injection

【适应证】用于治疗不宜口服的维生素D缺乏引起的骨质代谢障碍，也可用于治疗支气管哮喘。

【禁忌证】高血钙症、高钙尿症动物禁用。含钙肾结石或有肾结石病史动物禁用。类肉瘤动物禁用。维生素D增多症禁用。高磷血症伴肾性佝偻病动物禁用。

【注意事项】肌内或皮下注射，因不经过胃肠道，不受胃酸及食物的影响，能快速起效，不宜口服。慢性腹泻及胃肠道功能障碍动物慎用。慢性肾功能不全的动物慎用。心室颤动动物慎用。服用洋地黄类药物期间慎用。

【药物过量】大剂量摄入维生素D$_2$可导致高血钙症中毒反应，表现为全身血管钙化、肾钙质沉淀及其他软组织钙化、高血压及肾衰竭。治疗维生素D$_2$过量，除停用外应给以低钙饮食、大量饮水，保持尿液酸性，同时进行对症治疗和支持治疗，如避免暴晒阳光，给予利尿剂、皮质激素和降钙素等，

【规格】2 mL：钙1 mg，维生素D_2 0.25 mg

【用法与用量】肌内或皮下注射，每10 kg体重1 mL，一日1次或隔日1次。

维生素D_3注射液
Vitamin D_3 Injection

【适应证】用于佝偻病、软骨病、甲状旁腺功能减低等。

【药理作用】促进肠内钙磷吸收，其代谢活性物质能调节肾小管对钙的重吸收，维持循环血液中钙的水平，促进骨基质钙化。

【不良反应】长期应用大剂量的维生素D可使骨脱钙变脆，并易于变形和发生骨折。还会因血中钙、磷酸盐过高而导致心律失常和神经功能紊乱等症状。

【注意事项】用时应注意补钙。

【规格】1 mL：15 mg（60万U）

【用法与用量】肌内或皮下注射，每千克体重1500~3000 U。

维生素E片
Vitamin E Tablets

【适应证】用于冠心病，动脉硬化，脑血管硬化、肝功能障碍，肌内营养障碍，不育症，习惯性流产等。

【药理作用】维持生殖器官正常机能及对机体代谢有良好影响，增强人的体质和活力，并有强大的抗氧化作用，对于维持细胞膜的完整性起重要作用。可以防止胆固醇沉积，预防和治疗动脉硬化，延缓衰老过程。

【规格】50 mg

【用法与用量】口服，一次量，犬1~2粒，猫0.5~1粒，一日2次。

维生素K_1注射液
Vitamin K_1 Injection

【适应证】主要用于治疗维生素K缺乏所引起的出血性疾病，以及其他出血性疾病，如犬细小病毒引起的肠道出血，抗凝血杀鼠剂华法林以及化学结构与华法林相似的抗凝血性杀鼠药敌鼠纳、杀鼠酮等中毒引起的出血的辅助治疗。

【不良反应】静脉注射维生素K_1发生类过敏反应，肌内注射会导致注射部位的急性出血。

【禁忌证】患高血压动物禁用。对维生素K_1过敏或者对其制剂中任何成分过敏的动物禁用。

【规格】1 mL：10 mg

【用法与用量】肌内或皮下注射，一次量，0.5~1 mg，8 h后可重复。

维生素K_3注射液（亚硫酸氢钠甲萘醌注射液）
Vitamin K_3 Injection (2-Methyl-1, 4-naphthoquinone Injection)

【适应证】参与肝内凝血原的合成，用于阻塞性黄疸、胆瘘及新生儿出血等。

【药理作用】维生素K是肝脏合成凝血因子所必需的物质，维生素K缺乏可引起凝血因子合成障碍或异常，临床可见出血倾向和凝血酶原时间延长。

【不良反应】局部可见红肿、疼痛。大剂量使用可致新生儿早产、溶血性贫血、高胆红素血症及黄疸。大剂量维生素K可致肝损伤。

【规格】1 mL：4 mg

【用法与用量】肌内或皮下注射，一次量，0.5~1 mg，8 h后可重复。

烟酰胺注射液
Nicotinamide Injection

【适应证】用于烟酸缺乏症。

【药理作用】本品与烟酸统称为维生素PP，或抗癞皮病维生素。烟酰胺是辅酶Ⅰ和辅酶Ⅱ的组成部分，作为许多脱氢酶的辅酶，在体内氧化还原反应中起传递氢的作用。它与糖酵解、脂肪酸代谢、丙酮酸代谢，以及高能磷酸键的生成有着密切关系，在维持皮肤和消化器官正常功能方面已起着重要作用。

【注意事项】肌内注射可引起注射部位疼痛。

【规格】（1）1 mL：50 mg （2）1 mL：100 mg

【用法与用量】肌内注射，每千克体重0.2~0.6 mg，幼龄动物不得超过0.3 mg。

二 钙、磷与微量元素

葡萄糖酸钙注射液
Calcium Gluconate Injection

【适应证】用于治疗钙缺乏，急性血钙过低、碱中毒及甲状旁腺功能低下所致的手足搐弱症。过敏性疾患。镁中毒时的解救。氟中毒的解救。心脏复苏时应用（如高血钾或低血钙，或钙通道阻滞引起的心功能异常的解救）。

【药理作用】葡萄糖酸钙注射液为钙补充剂。钙可以维持神经肌肉的正常兴奋性，促进神经末梢分泌乙酰胆碱，血清钙降低时可出现神经肌肉兴奋性升高，发生抽搐，血钙过高则兴奋性降低，出现软弱无力等。钙离子能改善细胞膜的通透性，增加毛细管的致密性，使渗出减少，起抗过敏作用。钙离子能促进骨骼与牙齿的钙化形成。高浓度钙离子与镁离子之间存在竞争性颉颃作用，可用于镁中毒的解救。钙离子可与氟化物生成不溶性氟化钙，用于氟中毒的解救。

【不良反应】

1. 静脉注射可有全身发热，静脉注射过快可产生心律失常甚至心跳停止、呕吐、恶心。

2. 可致高钙血症，早期可表现便秘，倦睡、持续头痛、食欲不振、口有金属味、异常口干等，晚期表现为神经错乱、高血压、眼和皮肤对光敏感，恶心、呕吐，心律失常等。

【注意事项】

1. 静脉注射时如漏出血管外，应立即停止注射，并用氯化钠注射液作局部冲洗注射，局部给予氢化可的松、1%利多卡因和透明质酸，并抬高局部肢体及热敷。

2. 可使血清淀粉酶增高，血清H-羟基皮质醇浓度短暂升高。长期或大量应用本品，血清磷酸盐浓度降低。

3. 不宜用于肾功能不全动物与呼吸性酸中毒动物。应用强心苷期间禁止静脉注射本品。

4. 禁与氧化剂、枸橼酸盐、可溶性碳酸盐、磷酸盐及硫酸盐配伍。与噻嗪类利尿药同用，可增加肾脏对钙的重吸收而致高钙血症。

【规格】10 mL：1 g

【用法与用量】

1. 室性心搏暂停、心房停滞：静脉滴注，10%溶液按体重一次0.4~1.0 mL。

2. 低血钙、高血钾：静脉滴注，10%溶液，每千克体重0.5~1.5 mL。

【用法与用量】静脉注射，每千克体重0.5~1.5 mL，与10%葡萄糖溶液混合输液，6~8 h后重复给药。

氯化钙注射液
Calcium Chloride Injection

【适应证】治疗钙缺乏，急性血钙过低、碱中毒及甲状旁腺功能低下所致的手足搐搦症，维生素D缺乏症等。过敏性疾患。镁中毒时的解救。氟中毒的解救。心脏复苏时应用，如高血钾、低血钙，或钙通道阻滞引起的心功能异常的解救。

【药理作用】与雌激素同用，可增加对钙的吸收。与噻嗪类利尿药同用，增加肾脏对钙的重吸收，可致高钙血症。

【不良反应】

1. 钙治疗可能伴有高钙血症产生，特别是有心脏或肾脏疾病的患病动物。高钙血症早期可表现为便秘、倦睡、持续头痛、食欲不振、口中有金属味、异常口干等，晚期征象表现为精神错乱、高血压、眼和皮肤对光敏感，恶心、呕吐、心律失常等。

2. 在肌内或皮下注射钙盐后会产生轻微至剧烈的组织反应。在静脉给药后会产生静脉炎，一旦钙盐注射到血管外，立即停止注射。

3. 静脉注射钙流速太快会引起恶心、呕吐、血压过低、心律不齐和心脏停搏。

【禁忌证】心室纤维性颤动或高钙血症时禁用。应用强心苷期间禁用本品。

【注意事项】

1. 氯化钙有强烈的刺激性，不宜皮下或肌内注射。静脉注射时如漏出血管外，可引起组织坏死。一般情况下，本品不用于幼龄动物。

2. 对诊断的干扰：可使血清淀粉酶增高，血清羟基皮质甾醇浓度短暂升高。长期或大量应用本品，血清磷酸盐浓度降低。

3. 服用毛地黄毒苷或有心脏或肾脏疾病的患病动物慎用。

4. 有呼吸衰竭、呼吸性酸中毒或肾脏病的患病动物慎用。

【规格】（1）10 mL：0.5 g （2）20 mL：1 g

【用法与用量】静脉注射，每千克体重0.5~1.5 mL，加入10%葡萄糖注射液。

葡萄糖氯化钙注射液
Glucose and Calcium Chloride Injection

【适应证】用于钙缺乏症及过敏性疾病，亦可解除镁离子引起的中枢抑制。

【药理作用】作用同氯化钙。本品含钙量较氯化钙低，对组织刺激性小，注射给药比氯化钙安全。临床主要用于钙缺乏症及过敏性疾病。

【注意事项】

1. 静脉注射宜缓慢，因钙盐兴奋心脏，注射过快会使血钙突然升高，引起心律失常，甚至心搏暂停。

2. 在应用强心苷期间或停药后7 d内，忌用本品。

3. 有刺激性，不宜皮下或肌内注射。

4. 注射液不可渗漏出血管外，否则导致剧痛及组织坏死。

【规格】20 mL：氯化钙1 g，葡萄糖5 g

【用法与用量】静脉注射，每千克体重0.5~1.5 mL，加入10%葡萄糖注射液。

复方布他磷注射液（科特壮）
Compound Butaphosphan Injecction (Catosal)

【主要成分】本品含布他磷，维生素B_{12}。

【适应证】用于动物急、慢性代谢紊乱疾病。

【药理作用】布他磷作用：促进肝脏功能。帮助肌肉运动系统恢复疲劳。降低应激反应。维生素B_{12}作用：参与碳水化合物、脂肪等多种代谢。参与必需氨基酸和蛋白质的生物合成。促进红细胞的发育和成熟。

【规格】100 mL：布他磷10 g，维生素B_{12} 0.00725 g

【用法与用量】皮下或肌内注射，每千克体重0.1 mL，一日1次。

骨肽注射液
Ossotide Injection

【主要成分】本品为复方制剂，其主要成分为有机钙、磷、无机钙、无机盐、微量元素、氨基酸等。

【适应证】用于促进骨折愈合。

【不良反应】偶有发热、皮疹等过敏反应。

【禁忌证】对本品过敏犬、猫禁用。严重肾功能不全的动物禁用。妊娠期动物禁用。

【注意事项】如本品出现浑浊，即停止使用。过敏体质动物慎用。当药品性状发生改变时禁止使用。

【规格】2 mL：10 mg

【用法与用量】皮下或肌内注射，一次量2 mL，一日1次，连用20～30 d为一个疗程，亦可在痛点和穴位注射。静脉滴注，一次量10~20 mL，一日1次，溶于200 mL 0.9%氯化钠注射液中缓慢滴注，20～30 d为一疗程。根据病情可重复1~2疗程。

犬猫复方骨肽注射液
Compound Ossotide Injection

【适应证】用于促进犬、猫骨折愈合。用于治疗犬、猫骨质增生性疾病。

【药理作用】具有调节骨代谢，刺激骨细胞增殖，促进新骨形成，以及调节钙磷代谢，增加骨钙沉积，防治骨质疏松作用。当归具有补血活血利于犬、猫骨折愈合，治疗犬、猫骨质增生性疾病。

【不良反应】【禁忌证】【注意事项】同骨肽注射液。

【规格】2 mL

【用法与用量】仅用于犬、猫。皮下或肌内注射，一次2 mL，一日1次，30 d为一疗程。或穴位注射，一穴位0.5~1 mL，一日2~6穴，30 d为一疗程。

当归注射液
Danggui Injection

【主要成分】当归。

【适应证】用于跌打损伤、风湿痹痛。

【规格】2 mL

【注意事项】对本品过敏犬、猫禁用。严重肾功能不全的动物禁用。妊娠期动物禁用。

【用法与用量】皮下、肌内注射，或穴位分点注射，一次量，犬2 mL，猫1 mL，一日1次。

三 氨基酸

复方氨基酸注射液（3AA）
Compound Amino Acid Injection (3AA)

【主要成分】每1000 mL含L–缬氨酸12.6 g，L–亮氨酸16.5 g，L–异亮氨酸13.5 g。

【适应证】各种原因引起的肝性脑病、重症肝炎及肝硬化、慢性活动性肝炎。可用于肝胆外科手术前后。

【注意事项】

1. 使用本品时应注意水和电解质平衡。

2. 大量胸水、腹水时应避免输入量过多。

3. 输入过快是可引起恶心、呕吐等反应，应及时降低给药速度。

4. 本品遇冷易析出结晶，宜微复温溶解后再用。

5. 本品如有浑浊，切勿使用。

【规格】 250 mL：10.65 g（以总氨基酸计）

【用法与用量】 静脉注射。每千克体重2~3 mL，或用适量5%~10%葡萄糖注射液混合后缓慢滴注。

复方氨基酸注射液（9AA）
Compound Amino Acid Injection (9AA)

【适应证】 用于急性和慢性肾功能不全动物的肠道外支持。大手术、外伤或脓毒血症引起的严重肾衰竭以及急性和慢性肾衰竭。

【注意事项】

1. 凡用本品动物，均应低蛋白、高能量饮食。

2. 尿毒症动物宜在补充葡萄糖同时给予少量胰岛素，以防止血糖过高。

3. 输液速度不超过每分钟15滴，输入过快是可引起恶心、呕吐等反应。

4. 本品遇冷易析出结晶，宜微复温溶解后再用。

5. 本品如有浑浊，切勿使用。

【规格】 250 mL：13.98 g（以总氨基酸计）

【用法与用量】 静脉注射。每千克体重2~3 mL，或用适量5%~10%葡萄糖注射液混合后缓慢滴注。

复方氨基酸注射液（18AA）
Compound Amino Acid Injection (18AA)

【适应证】 用于蛋白质摄入不足，吸收障碍等氨基酸不能满足机体代谢需要动物。也可用于改善手术后动物的营养状况。

【注意事项】

1. 应严格控制滴注速度。

2. 本品系盐酸盐，大量输入可导致酸解失衡。

3. 本品遇冷易析出结晶，宜微复温溶解后再用。

4. 本品如有浑浊，切勿使用。

【规格】250 mL：12.5 g（以总氨基酸计）

【用法与用量】静脉注射。每千克体重2~3 mL，或用适量5%~10%葡萄糖注射液混合后缓慢滴注。

四 降血糖药

格列本脲片（优降糖）
Glibenclamide Tablets

【适应证】用于单用饮食控制疗效不满意的轻、中度Ⅱ型糖尿病。

【不良反应】低血糖反应。消化道反应：恶心、呕吐、食欲减退、腹泻、部分动物会出现食欲增进，体重增加。过敏反应：皮疹、偶见剥脱性皮炎。血液学异常少见：白细胞减少、粒细胞缺乏、贫血、血小板减少症。肝脏损害：黄疸、肝功能异常偶见。

【禁忌证】妊娠及哺乳期动物。已明确诊断的Ⅰ型糖尿病动物。Ⅱ型糖尿病动物伴有酮症酸中毒、昏迷、严重烧伤、感染、外伤和重大手术等应急情况。肝、肾功能不全动物。对磺胺药过敏动物。白细胞减少动物。

【注意事项】

1. 体质虚弱、高热、恶心、呕吐、肺功能或肾功能异常的老龄动物，有肾上腺皮质功能减退或垂体前叶功能减退症，尤其未经激素替代治疗的动物，发生严重低血糖的可能性增大。

2. 用药期间应定期检测血糖、尿糖、尿酮体、尿蛋白和肝、肾功能、血象，并进行眼科检查。

【规格】2.5 mg

【用法与用量】口服，开始每千克体重0.05 mg，早餐前或早餐及午餐前各一次，轻症动物：0.025 mg，一日3次，三餐前服，7 d后每日0.05 mg，或遵医嘱。

精蛋白锌胰岛素注射液（长效胰岛素注射液）
Protamine Zine Insulin Injection

【**适应证**】用于Ⅰ型糖尿病的治疗，Ⅱ型糖尿病在以下情况考虑胰岛素治疗：确诊为重度高血糖，代谢紊乱表现明显。经过严格饮食控制、各种口服药充分治疗，未能有效控制高血糖，或在某一时期虽然有效，但随着时间推移，口服药疗效逐渐减弱或消失。因各种原因无法长期口服药治疗（过敏反应、严重不良反应等）。

【**不良反应**】低血糖反应，水肿，过敏反应（注射部位出现红斑、皮疹、硬结等），注射部位脂肪萎缩或增生。

【**规格**】10 mL：400 U

【**用法与用量**】皮下注射，起始治疗，每千克体重0.5~1 U，一日1次，按血糖、尿糖变化调整维持剂量，遵医嘱。

胰岛素注射液
Insulin Injection

【**适应证**】主要用于糖尿病，特别是胰岛素依赖型糖尿病。

【**规格**】10 mL：400 U

【**用法与用量**】皮下或静脉注射，起始治疗，每千克体重0.5~1 U，一日2次，按血糖、尿糖变化调整维持剂量，遵医嘱。

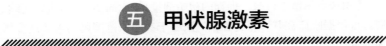

五　甲状腺激素

左甲状腺素钠片（优甲乐片）
Levothyroxine Sodium Tablets

【**适应证**】治疗犬、猫甲状腺功能减退。甲状腺肿切除术后，预防甲状腺肿复发。

【规格】（1）50 μg （2）100 μg

【用法及用量】口服，推荐的初始剂量每千克体重20 μg，一日2次。可根据临床症状和维持血清T_4浓度于参考值范围内的需要逐步增加或调整剂量。

左甲状腺素钠片（补甲康片）
Levothyroxine Sodium Tablets

【适应证】治疗犬、猫甲状腺功能减退。甲状腺肿切除术后，预防甲状腺肿复发。

【规格】（1）100 μg （2）500 μg

【用法及用量】口服，推荐的初始剂量每千克体重20 μg，一日2次。可根据临床症状和维持血清T_4浓度于参考值范围内的需要逐步增加或调整剂量。

六 抗甲状腺药

甲巯咪唑片
Thiamazole Tablets

【适应证】抗甲状腺药物。仅用于猫甲状腺功能亢进症。

【规格】5 mg

【用法及用量】口服，推荐的初始剂量是2.5 mg，一日1次，连续2周。可根据临床症状和维持血清T_4浓度于参考值范围内的需要逐步增加剂量。

七 碘与碘制剂

碘化油
Iodinated Oil

【主要成分】碘化油为复方制剂，其组分为：罂粟子油与碘结合的一种有机碘化合物，活性成分为碘化罂粟子油脂肪酸乙酯。

【适应证】X线诊断用阳性造影剂。用于支气管造影，子宫输卵管造影，鼻窦、腮腺管以及其他腔道和瘘管造影，也用于预防和治疗地方性甲状腺肿及肝恶性肿瘤的栓塞治疗。

【不良反应】

1. 偶见碘过敏反应，在给药后即刻或数小时发生，主要表现为血管神经性水肿、呼吸道黏膜刺激、肿胀和分泌物增多等症状。

2. 可导致甲状腺功能亢进。

3. 可促使结核病灶恶化。

4. 本品进入肺泡、腹腔等组织内可引起异物反应，生成肉芽肿。

5. 在淋巴造影检查后24 h内可观察到38~39℃的发热。在放射影像中，经常观察到一过性的碘油粟粒，特别是使用高剂量或剂量不当之后。这在临床上通常没有报道。在个别病例中，可观察到肺或脑栓塞。脊髓意外少见。

【禁忌证】

1. 本品对碘过敏者禁用。

2. 本品对甲状腺功能亢进、老年结节性甲状腺肿、甲状腺肿瘤、有严重心、肝、肺疾患、急性支气管炎症和发热患病动物禁用。

3. 本品不可在动脉内，静脉内或鞘内注射。

4. 本品禁用于妊娠及哺乳期动物。

【注意事项】

1. 本品在肌内注射时要注入深部肌肉组织，并避免损伤血管引起油栓。

2. 本品在进行淋巴造影时仅限于淋巴内注射，在化疗或放疗之后，淋巴结体积减小，仅能保留少量的造影剂。所以应减少本品的注射剂量。在注射过程中，可通过放射或放射镜监视，避免剂量过量。对于心肺衰竭的患者，特别是老龄动物，应该调整剂量或取消该检查，因为本品可一过性地栓塞肺部毛细血管。甲状腺探测应放在放射检查前进行，因为淋巴造影会使碘饱和甲状腺达几个月。

3. 下列情况慎用本品：① 活动性肺结核。② 对其他药物、食物有过敏史或过敏性疾病动物。③ 本品不宜用作羊膜囊造影，因可能引起胎儿甲状腺增生。

4. 对诊断的干扰。因本品含碘，摄入体内可干扰甲状腺功能测定，对疑有甲状腺病变需作甲状腺功能测定者宜在应用本品前进行，但其他如三碘甲状腺原氨酸树脂摄取试验等则不受影响。

5. 本品不宜久露于光线和空气中，析出游离碘后色泽变棕或棕褐色者不可再使用。

6. 本品必须使用玻璃注射器注射。

7. 本品大量吞入时可引起碘中毒，进入支气管可刺激黏膜引起咳嗽，进入肺泡、腹腔等组织可引起异物反应。生成肉芽肿。偶见过敏反应，主要表现为血管神经性水肿和呼吸道黏膜刺激、肿胀和分泌物增多等。

8. 活动性肺结核、甲状腺功能亢进、子宫癌、子宫结核、有对其他药物或食物过敏史及过敏性疾病动物慎用；对碘过敏、急性呼吸道感染或肺炎、高热、心肺肝疾病患病动物及怀孕动物禁用。

9. 支气管、子宫输卵管造影者应先做口服碘过敏试验。支气管造影前要进行支气管表面麻醉，子宫输卵管造影时要控制注射量和压力。

【规格】1. 碘化油颗粒：0.1 g（按含碘量计算）。2. 碘化油胶丸：① 0.1 g （2）0.2 g（按含碘量计算）。3. 碘化油注射液10 mL：4.8 g。含碘（Ⅰ）为37.0% ~ 39.0%（g/g）。

【用法与用量】口服。颗粒剂于饭后用温开水冲服。每2~3年服1次，每20 kg体重0.2~0.3 g，或采用胶丸制剂。注射液用于造影，遵医嘱。

碘化钾片
Potassium Iodide Tablets

【适应证】适用于地方性甲状腺肿的预防与治疗，甲状腺功能亢进症手术前准备及甲状腺亢进危象。亦可用于慢性支气管炎。

【不良反应】【禁忌证】【注意事项】【规格】参见第十一部分祛痰药碘化钾片。

【用法与用量】口服。

1. 预防地方性甲状腺肿：剂量根据当地缺碘情况而定，推荐剂量，一次量50 μg，一日1次。

2. 治疗地方性甲状腺肿：每千克体重1~10 mg，一日1次，连服1~3个月，中间休息30~40 d。1~2月后，剂量可渐增至每千克体重20~25 mg，一日1次，总疗程3~6个月。

第十七部分

抗过敏药和
抗休克药

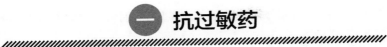

一　抗过敏药

盐酸苯海拉明注射液
Diphenhydramine Hydrochloride Injection

【适应证】用于变态反应性疾病，如荨麻疹、过敏性皮炎、血清病等。

【药理作用】本品为组胺H_1受体阻断药。可完全对抗组胺引起的胃、肠、气管、支气管平滑肌的收缩作用，对组胺所致毛细血管通透性增加及水肿也有明显的抑制作用。本品尚有较强的镇静、嗜睡等中枢抑制作用和局麻、轻度抗胆碱作用。

【不良反应】大剂量静脉注射时常出现中毒症状，以中枢神经系统过度兴奋为主。此时可静脉注射短效巴比妥类（如硫喷妥钠）进行解救，但不可使用长效或中效巴比妥。

【注意事项】

1. 对于过敏性疾病，本品仅是对症治疗，同时还需对因治疗。本品必须用到病因消除为止，否则病状会复发。

2. 对严重的急性过敏性病例，一般先给予肾上腺素，然后再注射本品。全身治疗一般需持续3 d。

【规格】（1）1 mL：20 mg　（2）5 mL：100 mg

【用法与用量】口服，皮下或肌内注射，每千克体重2~4 mg，一日3次。

盐酸异丙嗪注射液
Promethazine Hydrochloride Injection

【适应证】用于变态反应性疾病，如荨麻疹、过敏性皮炎、血清病等，也可用于镇静、催眠、恶心、呕吐的治疗以及术后镇痛，可与止痛药合用，作为辅助用药。

【药理作用】本品为氯丙嗪的衍生物，有较强的中枢抑制作用，但比氯丙嗪弱。也能增强麻醉药和镇静药的作用，还有降温和止吐作用。本品抗组胺作用较盐酸苯海拉明强而持久，作用时间超过24 h。

【不良反应】有较强的中枢抑制作用，主要表现为嗜睡、口干。如超剂量使用可致口、鼻、喉发干，腹痛、腹泻、呕吐、嗜睡、眩晕。严重过量可致惊厥，继之中枢抑制。

【注意事项】

1. 注射液为无色的澄明液体，如呈紫红色乃至绿色时，不可用。

2. 本品有刺激性，不宜做皮下注射。

3. 本品忌与碱性溶液或生物碱合用。

【规格】（1）2 mL：0.05 g （2）10 mL：0.25 g

【用法与用量】肌内注射，每千克体重0.2~0.4 mg，一日3~4次。

氢化可的松
Hydrocortisone

参见第九部分糖皮质激素类药。

泼尼松（强的松）
Prednisone

参见第九部分糖皮质激素类药。

醋酸泼尼松龙注射液（醋酸强的松龙注射液）
Prednisolone Acetate Injection

参见第九部分糖皮质激素类药。

地塞米松磷酸钠注射液
Dexamethasone Sodium Phosphate Injection

参见第九部分糖皮质激素类药。

狄波美注射液
Methylprednisolone Acetate Sterile Aqueous Suspension Injection (Depo-medrol®)

参见第九部分糖皮质激素类药。

曲安奈德注射液
Triamcinolone Acetonide Injection

参见第九部分糖皮质激素类药。

抗敏特片
Antihistalone Tablets

【主要成分】强的松龙，马来酸氯那敏。

【适应证】抗炎症、抗过敏。主要用于犬、猫过敏性皮炎、哮喘、支气管炎、荨麻疹、皮肤瘙痒症等各种过敏性反应，用于关节炎、滑囊炎的治疗以及皮质类固醇和抗组织胺药物的辅助用药。

【规格】每片含强的松龙5 mg，马来酸氯那敏2 mg

【用法与用量】口服，每10 kg体重1片，一日1次。

皮敏灭
Iramine Tablet

【主要成分】氯曲米通对映异构体，胃肠道保护剂。

【适应证】抗组胺药，能快速减轻犬、猫皮肤过敏造成的瘙痒症。

【禁忌证】妊娠及哺乳期动物，患有青光眼，前列腺疾病，胃或肠道梗阻，尿路梗阻，某些特定心肺疾病，高血压或甲状腺功能亢进的犬、猫禁用。

【规格】每片含氯曲米通4 mg

【用法与用量】口服，每10 kg体重1片，一日1次。

马来酸氯苯那敏注射液（扑尔敏注射液）
Chlorphenamine Maleate Injection

【适应证】治疗过敏性鼻炎，对过敏性鼻炎和上呼吸道感染引起的鼻充血有效，可用于感冒、鼻窦炎和皮肤黏膜的过敏。对荨麻疹、枯草热、血管运动性鼻炎均有效。并能缓解虫咬所致的皮肤瘙痒和水肿。也可控制药疹和接触性皮炎，但同时必须停用或避免接触致敏药物。

【药理作用】抗组胺作用。抗M胆碱受体作用。中枢抑制作用。

【注意事项】本品不可应用于下呼吸道感染和哮喘发作。对麻黄碱、肾上腺素等过敏的动物也可能对本品过敏应慎用。肠梗阻、高血压、青光眼、甲状腺功能亢进等慎用。哺乳期雌性动物、新生儿、早产儿不宜使用。

【规格】1 mL：10 mg

【用法与用量】肌内注射，一次量2~20 mg。

犬敏舒颗粒
Allergy Relief Probiotics Maintenance Granules

【主要成分】*Lactobacillus rhamnosus* K$_1$，*Lactobacillus fermentum* E$_1$，维生素E，维生素A，维生素D$_3$，氧化锌等。

【适应证】缓解犬过敏性疾病所导致的症状，如异位性皮炎、习惯性下痢等。

【规格】3 g

【用法与用量】仅限犬用。体重小于5 kg，前两星期一日1包，之后隔日1包。体重5~20 kg，前两星期早晚各1包，之后一日1包。体重大于20 kg，前二星期早晚各2包，之后一日2包。

犬敏舒胶囊
Allergy Relief Probiotics Maintenance Capsules (AllertSoft® II)

【主要成分】【适应证】同犬敏舒颗粒。

【用法与用量】仅限犬用。体重小于15 kg，一日1粒；体重大于15 kg，一日2粒。

盐酸赛庚啶片
Cyproheptadine Hydrochloride Tablets

【适应证】用于过敏性疾病，如荨麻疹、丘疹性荨麻疹、湿疹、皮肤瘙痒。

【药理作用】本品可与组织中释放出来的组胺竞争效应细胞上的 H_1 受体，从而阻止过敏反应的发作，解除组胺的致痉和充血作用。

【不良反应】嗜睡、口干、乏力、头晕、恶心等。

【禁忌证】

1. 妊娠及哺乳期动物禁用。

2. 青光眼、尿潴留和幽门梗阻动物禁用。

【注意事项】

1. 幼龄及老龄犬慎用。

2. 如服用过量或出现严重不良反应，应立即就医。

3. 对本品过敏者禁用，过敏体质者慎用。

4. 本品性状发生改变时禁止使用。

5. 请将本品放在儿童不能接触的地方。

6. 如正在使用其他药品，使用本品前请咨询医师或药师。

【规格】2 mg

【用法与用量】口服，每千克体重0.2 mg，一日2~3次。

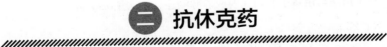

二　抗休克药

甲泼尼龙琥珀酸钠注射液（甲强龙注射液）
Methylprednisolone Sodium Succinate for Injection
(Solu-Medrol for Injection)

【主要成分】甲泼尼龙琥珀酸钠。

【适应证】本品主要用于抗炎，免疫抑制治疗，治疗休克和内分泌失调等对症治疗。如急性过敏反应、中毒性休克等的急救。主要用于器官移植排异反应、免疫综合征，亦可用于原发性或继发性肾上腺皮质功能不全、手术休克等。

【规格】（1）40 mg （2）0.5 g

【用法与用量】静脉注射，作为对生命构成威胁情况的辅助药物时，推荐剂量为每千克体重30 mg，应至少用30 min静脉注射。根据临床需要，可于48 h内每隔4~6 h重复一次。免疫复合征，通常单独1次给予1 g，或采取隔日1 g，或连续3 d以内一日1 g。每次应至少用30 min给药，速度过快可引起心律失常。

盐酸肾上腺素注射液
Epinephrine Injection

【适应证】抢救过敏性休克。抢救心脏骤停。治疗支气管哮喘。与局麻药合用可减少局麻药的吸收而延长其药效，并减少其毒副作用，亦可减少手术部位的出血。制止鼻黏膜和齿龈出血。治疗荨麻疹、枯草热、血清反应等。

【不良反应】心悸、头痛、血压升高、震颤、无力、眩晕、呕吐、四肢发凉。用药局部可有水肿、充血、炎症。

【禁忌证】禁用于狭角型青光眼、分娩过程中、心脏扩展或冠状动脉功能不全的动物。禁用于糖尿病、高血压、甲状腺毒症、妊娠毒血症。禁用与与局麻药合用注射身体局部。

【规格】1 mL：1 mg

【用法与用量】肌内注射或静脉滴注，一次量0.2 mg。

重酒石酸去甲肾上腺素注射液
Noradrenaline Bitartrate Injection

【适应证】本品用于治疗急性心肌梗死、体外循环等引起的低血压；对血容量不足所致的休克、低血压或嗜铬细胞瘤切除术后的低血压，本品作为急救时补充血容量的辅助治疗，以使血压回升，暂时维持脑与冠状动脉灌注，直到补充血容量治疗发生作用；也可用于椎管内阻滞时的低血压及心跳骤停复苏后血压维持。

【不良反应】【禁忌证】【注意事项】参见第十二部分心血管系统与血液系统用药血管活性药。

【规格】1 mL：2 mg

【用法与用量】肌内注射或静脉滴注，一次量0.4~2 mg。

羟乙基淀粉40氯化钠
Hydoxyethyl Starch 40 Sodium Chloride

【适应证】血容量补充药。有维持血液胶体渗透压作用，用于失血、创伤、烧伤及中毒性休克等。

【药理作用】本品静脉滴注后，较长时间停留于血液中，提高血浆渗透压，使组织液回流增多，迅速增加血容量，稀释血液，并增加细胞膜负电荷，使已聚集的细胞解聚，降低全身血黏度，改善微循环。

【不良反应】偶可发生输液反应。少数动物出现荨麻疹、瘙痒。

【注意事项】失血性休克输液速度宜快，烧伤或感染性休克等宜缓慢。大量输入可至钾排泄增多，应适当补钾。

【规格】500 mL：30 g

【用法与用量】静脉滴注，每千克体重，犬10~20 mL，猫5~10 mL。

右旋糖酐40葡萄糖注射液
Dextran 40 Glucose Injection

【适应证】1. 失血、创伤、烧伤等各种原因引起的休克和中毒性休克。2. 预防手术后静脉血栓形成用于肢体再植和血管外科手术等预防术后血栓形成。3. 血管栓塞性疾病用于心绞痛、脑血栓形成、脑供血不足、血栓闭塞性脉管炎等。

【规格】500 mL：30 g右旋糖酐40与25 g葡萄糖

【禁忌证】

1. 充血性心力衰竭及其他血容量过多的动物禁用。

2. 严重血小板减少，凝血障碍等出血动物禁用。

3. 心、肝、肾功能不良动物慎用，少尿或无尿动物禁用。

4. 活动性肺结核动物慎用。

5. 有过敏史动物慎用。

6. 少尿或无尿动物禁用。

【用法与用量】静脉滴注，犬每千克体重10~20 mL，猫每千克体重5~10 mL。

右旋糖酐70葡萄糖注射液
Dextran 70 Glucose Injection

【适应证】主要用于低血容量休克的辅助治疗，急性失血性、外伤性、烧伤性休克的治疗。

【药理作用】右旋糖酐70的渗透作用类似于白蛋白，右旋糖酐的胶体渗透压使体液从间质进入血管系统，从而增加循环系统的血容量。右旋糖酐在脾脏葡聚糖酶的作用下缓慢降解成葡萄糖，进一步代谢为二氧化碳和水。少量可直接进入肠道，随粪便排出。

【不良反应】在犬很少见。出血次数增加，急性肾衰竭并可能出现过敏（但很少见）。

【注意事项】

1. 充血性心力衰竭及其他血容量过多的动物禁用。

2. 严重血小板减少，凝血障碍等出血动物禁用。

3. 心、肝、肾功能不良动物慎用。

4. 有过敏史动物慎用。

【规格】500 mL：30 g右旋糖酐40与25 g葡萄糖

【用法与用量】静脉滴注，犬每千克体重10~20 mL，猫每千克体重5~10 mL。

高分子替血白蛋白
Polymer for Serum Albumin

【适应证】1. 手术前血液稀释（术前预扩容），预防血容量不足。如急性高容或等容血液稀释。2. 治疗和预防血容量不足（循环血容量减少）与休克（容量补充治疗）。减少手术中对供血的需要，如手术、创伤、败血症和烧伤。严重体液外渗（腹泻、剧烈呕吐、大量排尿或广泛烧伤时），大量内出血（食管静脉曲张破裂、肝脾破裂、胃肠道溃疡引起）。3. 在必须升高胶体渗透压、血制剂给药无效、紧急情况或等待血型配伍时应用。

【药理作用】本品为血液容量扩充剂，可升血浆胶体渗透压。经静脉输液给药后能够快速起效，纠正低血容量，稳定血流动力学参数，保证体循环和微循环的灌注，维持机体组织器官的氧气供应和正常功能。另外，本品能显著减少白细胞游走和趋化作用，减轻血管损伤，增强吞噬细胞的功能，减少炎症细胞因子释放，从而逆转创伤后免疫功能的失调，减轻创作引起的过度的炎症反应。

【注意事项】初始的10 mL应缓慢输入，并密切观察，防止可能发生的过敏反应。

【规格】50 mL

【用法与用量】静脉滴注，犬每千克体重10~20 mL，猫每千克体重5~10 mL，一日1次。

第十八部分

局部用药

一 刺激药

碘酒（碘酊）
Iodine Tincture

【适应证】本品有强烈的刺激作用。外用治疗局部组织炎症，如慢性肌腱炎、腱鞘炎、关节炎、骨膜炎等。

【药理作用】碘酒有强大的杀灭病原体作用，它可以使病原体的蛋白质发生变性。碘酒可以杀灭细菌、真菌、病毒、阿米巴原虫等，可用来治疗许多细菌性、真菌性、病毒性等皮肤病。

【不良反应】偶见过敏反应和皮炎。

【注意事项】

1. 不宜用于破损皮肤、眼及口腔黏膜的消毒。

2. 该品仅供外用，切忌口服。如误服中毒，应立即用淀粉糊或米汤灌胃，并送医院救治。

3. 用药部位如有烧灼感、瘙痒、红肿等情况应停药，并将局部药物洗净。

4. 如果连续使用3 d无效，应咨询医师。

5. 对该品过敏动物禁用，过敏体质动物慎用。

6. 该品性状发生改变时禁止使用。

【规格】1000 mL：碘20 g，碘化钾15 g，乙醇500 mL

【用法与用量】作为一种皮肤消毒剂，碘酒主要用于手术前、注射前的皮肤消毒。但碘酒对皮肤黏膜的刺激性大，能灼伤皮肤和黏膜，使用后皮肤发泡和脱皮，涂在破损伤口上疼痛较剧。所以，碘酒不宜直接涂在破损伤口以及口腔、鼻腔和阴道等黏膜上。当皮肤用碘酒消毒后，要用酒精脱碘。

二 保护药

白陶土（达美健）
Kaolin

【适应证】吸附药。口服用于急、慢性腹泻。还可用于缓解食道、胃、十二指肠疾病引起的相关疼痛症状的辅助治疗。外用作敷剂和撒布剂的基质。本品不影响X线检查，不改变大便颜色，不改变正常的肠蠕动。

【药理作用】本品具有层纹状结构及非均匀性电荷分布，对消化道内的病毒、病菌及其产生的毒素有固定、抑制作用。对消化道黏膜有覆盖能力，并通过与黏液糖蛋白相互结合，从质和量两方面修复、提高黏膜屏障对攻击因子的防御功能。

【不良反应】偶见便秘，大便干结。

【注意事项】

1. 治疗急性腹泻，应注意纠正脱水。

2. 过量服用，易致便秘。

3. 如需服用其他药物，建议与本品间隔一段时间。

【规格】5 g

【用法与用量】拌粮、温水冲服或直肠给药，体重5 kg以下一日1~2.5 g，体重5 kg以上一日2.5~5 g，病情严重动物可加大剂量，或遵医嘱。

三 乳房内用药

苄星氯唑西林乳房注入剂（安倍宁）
Cloxacillin Benzathine Intramammary Infusion (Orbenin EDC)

【主要成分】苄星氯唑西林。

【适应证】用于治疗敏感菌引起的乳房炎。

【药理作用】抗菌药类药。氯唑西林为半合成的耐酸、耐青霉素酶异恶唑类青霉素。通过抑制细菌细胞壁的合成对革兰阳性菌和革兰阴性菌起杀菌作用。本品经乳头管注入乳房后，扩散至整个乳区，有效抑菌浓度可维持7周，对因无乳链球菌、停乳链球菌、乳房链球菌、青霉素敏感和青霉素耐药的葡萄球菌及化脓棒状杆菌引起的乳房炎有效。

【注意事项】

1. 泌乳期禁用。

2. 本品禁止用于对青霉素有过敏史的动物。

【规格】3.6 g：600 mg（以氯唑西林计）

【用法与用量】外用，局部涂于患处，一日1次，或遵医嘱。

四 眼科用药

红霉素眼膏
Erythromycin Eye Ointment

【适应证】用于沙眼、结膜炎、睑缘炎及眼外部感染。

【药理作用】该品为大环内酯类抗菌药，对大多数革兰阳性菌、部分革兰阴性菌及一些非典型致病菌如衣原体、支原体均有抗菌活性。

【不良反应】偶见刺激症状和过敏反应。

【用法与用量】涂于眼睑内，一日2~3次。

妥布霉素滴眼液（托百士滴眼液）
Tobramycin Eye Drops (Alcon)

【适应证】外眼及附属器感染的局部治疗。

【药理作用】体外实验显示妥布霉素对下列菌种有特殊疗效：葡萄球菌：金黄色葡萄球菌、表皮葡萄球菌及对青霉素耐药的菌种。

【禁忌证】禁用于对本品任何成分过敏动物。

【注意事项】

1. 不能用于眼内注射。局部用氨基糖苷类抗菌药可能会产生过敏反应。如果出现过敏，应停止用药。

2. 与其他抗菌药一样，长期应用将导致非敏感性菌株的过度生长，甚至引起真菌感染。如果出现二重感染，应及时给予适当的治疗。

【规格】15 mg∶5mL

【用法与用量】轻度及中度感染的动物，每4 h一次，每次1~2滴点患眼。重度感染的动物，每1 h一次，每次2滴，病情缓解后减量使用，直至病情痊愈。妥布霉素滴眼液可与眼膏联合使用，即白天使用妥布霉素滴眼液，晚上使用眼膏。

妥布霉素地塞米松滴眼液（典必殊滴眼液）
Tobramycin Dexamethasone Eye Drops

【适应证】对肾上腺皮质激素有反应的眼科炎性病变及眼部表面的细菌感染或有感染的危险的情况。眼用激素用于眼睑、球结膜、角膜、眼球的段组织及一些可接受激素潜在危险性的感染性结膜炎等炎性疾病，可以减轻水肿和炎症反应。它们也用于慢性前葡萄膜炎、化学性、放射性、灼伤性及异物穿透性角膜病变。

【药理作用】广谱抗菌，可减轻水肿和炎症反应。

【禁忌证】单纯疱疹病毒性角膜炎（树枝状角膜炎）、牛痘、水痘及其他因滤过性病毒感染引起的角膜炎，结膜炎，眼睛分枝杆菌感染，眼部的真菌感染。

【注意事项】

1. 长期使用眼部激素可能导致青光眼、损害视神经、视力下降、视野缺损、后囊下混浊白内障。

2. 长期使用激素后应该考虑到有角膜真菌感染的可能性。

【规格】5 mL∶含妥布霉素15 mg，地塞米松5 mg

【用法与用量】

1. 每4~6 h一次，一次1~2滴。在最初1~2 d剂量可增加至每2 h一次。根据临床征象的改善逐渐减少用药的频度，注意不要过早停止治疗。

用前摇匀。

2. 第一次开处方不能超过20 mL滴眼液。

可达同那滴眼液（犬专用滴眼液）
Kedoton Eye Drops of Dog

【主要成分】Solcoseryl Jelly，可的松，妥布霉素。

【适应证】细菌、病毒引起的角膜炎、结膜炎、眼睑炎、全眼球炎，可以减轻水肿和炎症反应。

【注意事项】

1. 长期使用眼部激素可能导致青光眼、损害视神经、视力下降、视野缺损、后囊下混浊白内障。

2. 长期使用激素后应该考虑到有角膜真菌感染的可能性。

【规格】10 mL

【用法与用量】滴眼，一次5~7滴，一日4~6次。在最初1~2 d剂量可增加至每2 h一次。根据临床征象的改善逐渐减少用药的频度，注意不要过早停止治疗。

培哪西可滴眼液（猫专用滴眼液）
Plinxke Eye Drops of Cat

【主要成分】Solcoseryl Jelly，可的松，更昔洛韦。

【适应证】细菌、病毒性角膜炎、结膜炎、眼睑炎、全眼球炎，可以减轻水肿和炎症反应。

【注意事项】

1. 长期使用眼部激素可能导致青光眼、损害视神经、视力下降、视野缺损、后囊下混浊白内障。

2. 长期使用激素后应该考虑到有角膜真菌感染的可能性。

【规格】10 mL

【用法与用量】滴眼，一次5~7滴，一日4~6次。在最初1~2 d剂量可增加至每2 h一次。根据临床征象的改善逐渐减少用药的频度，注意不要过早停止治疗。

A派克眼膏
Framixin Ear & Eye Ointment Antibiotic (Apex)

【主要成分】硫酸新霉素，硫酸多黏菌素B，杆菌肽锌。

【适应证】结膜炎、角膜炎、角膜溃疡。

【规格】5 g

【用法与用量】挤少量药膏于眼部，一日2~4次，连用5~7 d。

复方泰乐菌素眼用凝胶（眼康）
Compound Tylosin Eye Gel

【主要成分】泰乐菌素，阿昔洛韦。

【适应证】用于治疗猫疱疹病毒（如猫传染性鼻气管炎）引起的眼部感染。用于治疗猫衣原体或支原体引起的眼部感染。

【药理作用】本品对各类疱疹病毒均有效，它作为病毒DNA聚合酶的底物与酶结合并掺入病毒DNA中，因而终止病毒DNA的合成，同时对衣原体、支原体有效。

【不良反应】本品可引起轻度疼痛和灼烧感，但易被患猫耐受。

【注意事项】仅用于宠物，水溶性差，在寒冷气候下易析出结晶，用时需使之溶解。如出现过敏反应，请立即停止用药并及时进行处理。请勿让幼龄动物接触本品。

【规格】10 g

【用法与用量】宠物犬、猫眼部外用，一日2~3次，连续使用3~4周。

氧氟沙星滴眼液（泰利必妥滴眼液）
Ofloxacin Ear Drops

【适应证】对革兰阳性及阴性菌具有广谱杀菌作用。临床用于眼睑炎、麦粒肿、泪囊炎、结膜炎、睑板腺炎、角膜炎、角膜溃疡、手术后感染症。

【药理作用】广谱抗菌药，对沙眼衣原体亦有效。主要用于治疗细菌性外眼感染、沙眼及细菌性眼内感染。

【不良反应】偶尔有辛辣似蜇样的刺激症状。

【禁忌证】对氧氟沙星或喹诺酮类药物过敏动物禁用。

【注意事项】

1. 不宜长期使用，使用中出现过敏症状，应立即停止使用。

2. 只限于滴眼用。

3. 滴眼时瓶口勿接触眼睛。使用后应将瓶盖拧紧，以免污染药品。

4. 当药品性状发生改变时，禁止使用。

【规格】15 mg：5 mL

【用法与用量】滴于眼睑内，一日3~5次，一次1~2滴，或遵医嘱。

磺胺醋酰钠滴眼液
Sulfacetamide Sodium Eye Drops

【适应证】用于眼结膜炎、睑缘炎和沙眼。

【规格】8 mL：1.2 g

【用法与用量】滴眼，一次1~2滴，一日3~5次。

复合溶葡萄球菌酶素滴眼液
Recombinant Lysostaphin Eye Drops

【适应证】结膜炎、角膜炎、泪囊炎、角膜溃疡、虹膜睫状体炎等多种眼部疾病。

【规格】5 mL

【用法与用量】每日早、中、晚各一次，每次1~2滴，连续使用不超过14 d。

素高捷疗眼膏
Solcoseryl Eye Gel

【适应证】角膜上皮层细胞的营养性损伤、创伤性角膜炎、兔眼性角膜炎、神经麻痹性角膜炎、角膜移植手术并发症及预防并发症、角膜溃疡及异物性角膜损伤。

【规格】5 g

【用法与用量】滴眼，一日3~5次。

醋酸可的松滴眼液
Cortisone Acetate Eye Drops

【适应证】用于虹膜睫状体炎、虹膜炎、角膜炎、过敏性结膜炎等。

【药理作用】醋酸可的松滴眼液为糖皮质激素类药。具有抗炎、抗过敏作用，能抑制结缔组织的增生，降低毛细血管壁和细胞膜的通透性，减少炎性渗出，并能抑制组胺及其他毒性物质的形成与释放。

【禁忌证】单纯疱疹性或溃疡性角膜炎禁用。

【注意事项】

1. 对本品过敏动物禁用。

2. 滴眼时请勿将管口接触手及眼睛。

3. 本品不宜长期使用，连用不得超过2周，若症状未缓解应停药就医。

4. 若眼部有感染时，不宜单独使用本品，应在医师或药师指导下与抗菌药物合用。

5. 当本品的性状发生改变时禁用。

6. 如使用过量或发生严重不良反应时应立即就医。

7. 青光眼动物应在医师指导下使用。

【规格】3 mL：15 mg

【用法与用量】滴眼，每次1~2滴，一日3~4次。

环孢菌素滴眼液
Cyclosporin Eye Drops

【适应证】干燥性角膜、结膜炎、色素角膜炎、角膜翳、第三眼睑浆细胞瘤、免疫性结膜炎。

【规格】3 mL：30 mg

【用法与用量】犬用，点眼，一日2~3次。

维氨啉滴眼液
Weianlin Eye Drops

【主要成分】本品为复方制剂，其主要组分为：泛酰醇，L-天门冬氨酸钾，维生素B_6，甘草酸二钾，盐酸萘唑林，马来酸氯苯那敏，甲基硫酸新斯的明等。

【适应证】能改善眼睛调节能力，消除眼疲劳，并具有减轻眼结膜充血的作用。

【药理作用】萘唑林为拟肾上腺素药，能使血管收缩而减轻充血。氯苯那敏具有较强的抗组胺作用，可缓解眼部的过敏症状。维生素B_6是体内氨基酸和脂肪代谢过程中不可缺少的物质，维生素B_6缺乏可引起血管充血、高角化症、睑缘毛发脱落和角膜新生血管等。新斯的明为抗胆碱酯酶药，通过抑制胆碱酯酶活性，使乙酰胆碱生理效应得到加强和延长，能增强眼平滑肌和眼外肌的兴奋性，提高收缩力。本品能改善眼的调节功能，消除由于长时间用眼或其他原因造成眼疲劳。同时也具有减轻眼结膜充血作用。

【不良反应】未见不良反应。

【禁忌证】对本品过敏动物禁用。

【注意事项】

1. 本品仅限于滴眼用。滴眼时，勿使容器前端触及眼，以防污染药水。

2. 连续使用本品数日后症状无改善时，请停止使用并请医生指导。

3. 有青光眼或眼剧痛动物，使用本品前，请接受医生指导。

【规格】15 mL

【用法与用量】一日4~6次，一次1~2滴。

双氯芬酸钠滴眼液
Diclofenac Sodium Eye Drops

【适应证】① 用于治疗葡萄膜炎、角膜炎、巩膜炎，抑制角膜新生血管的形成，治疗眼内手术后、激光滤帘成形术后或各种眼部损伤的炎症反应，抑制白内障手术中缩瞳反应。② 用于准分子激光角膜切削术后止痛及消炎。③ 春季结膜炎、季节过敏性结膜炎等过敏性眼病。④ 预防和治疗白内障及人工晶体术后炎症及黄斑囊样水肿，以及青光眼滤过术后促进滤过泡形成等。

【不良反应】滴眼有短暂烧灼、刺痛、流泪等，极少数可有结膜充血、视物模糊。少数动物可出现乏力、困倦、恶心等全身反应。

【注意事项】

1. 本品仅限于滴眼用。

2. 本品可妨碍血小板凝聚，有增加眼组织术中或术后出血的倾向。

3. 避免与其他非甾体抗炎药，包括选择性COX-2抑制剂合并用药。

4. 根据控制症状的需要，在最短治疗时间内使用最低有效剂量，可以使不良反应降到最低。

【规格】5 mL：5 mg

【用法与用量】滴眼，一次1滴，一日4~6次。眼科手术用药：术前3、2、1和0.5 h各滴眼一次，一次1滴。白内障术后24 h开始用药，一日4次，持续用药2周。角膜屈光术后15 min即可用药，一日4次，持续用药3 d。

重组牛碱性成纤维细胞生长因子滴眼液（贝复舒滴眼液）
Recombinant Bovine Basic Fibroblast Growth Factor Eye Drops

【适应证】各种原因引起的角膜上皮缺损和点状角膜病变，复发性浅层点状角膜病变、轻中度干眼症、大泡性角膜炎、角膜擦伤、轻中度化学烧伤、角膜手术及术后愈合不良、地图状（或营养性）单疱性角膜溃疡等。

【注意事项】

1. 本品为蛋白类药物，应避免置于高温或冰冻环境。

2. 对感染性或急性炎症期角膜病动物，须同时局部或全身使用抗菌药或抗炎药，以控制感染和炎症。

3. 对某些角膜病，应针对病因进行治疗。如联合应用维生素及激素类等药物。

【规格】5 mL：12000 U

【用法与用量】滴眼，一次1~2滴，一日4~6次，或遵医嘱。

马来酸噻吗洛尔滴眼液
Timolol Maleate Eye Drops

【适应证】对原发性开角型青光眼、无晶体青光眼及某些继发性青光眼、高压眼症、部分原发性闭角型青光眼以及其他药物和手术无效的青光眼，可增强降眼压效果。

【规格】5 mL：25 mg

【用法与用量】滴眼，一次1滴，一日1~2次，或遵医嘱。

硝酸毛果芸香碱滴眼液
Pilocarpine Nitrate Eye Drops

【主要成分】硝酸毛果芸香碱。

【适应证】用于急性闭角型青光眼，慢性闭角型青光眼，开角型青光眼，继发性青光眼等。本品可与其他缩瞳剂、β受体阻滞剂、碳酸酐酶抑制剂、拟交感神经药物或高渗脱水剂联合用于治疗青光眼。检眼镜检查后可用本品滴眼缩瞳以抵消睫状肌麻痹剂或扩瞳药的作用。

【药理作用】毛果芸香碱是一种具有直接作用的拟胆碱药物，通过直接刺激位于瞳孔括约肌、睫状体及分泌腺上的毒蕈碱受体而起作用。毛果芸香碱通过收缩瞳孔括约肌，使周边虹膜离开房角前壁，开放房角，增加房水排出。同时本品还通过收缩睫状肌的纵行纤维，增加巩膜突的张力，使小梁网间隙开放，房水引流阻力减小，增加房水排出，降低眼压。

【规格】5 mL：50 mg

【用法与用量】滴眼，一次1~2滴，一日2~4次。

爱舒特开明滴眼液（爱尔康滴眼液）
Isopto Carpine Eye Drops

【适应证】缩瞳剂，用于控制慢性青光眼的眼压。

【规格】15 mL

【用法与用量】滴眼，一次2滴，一日3次，或遵医嘱。

布林佐胺滴眼液（派立明滴眼液）
Brinzolamide Eye Drops (Azopt)

【适应证】用于降低升高的眼压：高眼压症、开角型青光眼。可以作为对β阻滞剂无效，或者有使用禁忌证的动物单独的治疗药物，或者作为β阻滞剂的协同治疗药物。

【禁忌证】对布林佐胺或者药品成分过敏动物、已知对磺胺过敏动物和严重肾功能不全的动物。高氮性酸中毒的动物禁用。

【规格】5 mL：50 mg

【用法与用量】一次1滴，一日2次。

拉坦前列素滴眼液（舒而坦滴眼液）
Latanoprost Eye Drops

【主要成分】拉坦前列素。

【适应证】青光眼和高眼压症。

【规格】1 mL：50 mg

【用法与用量】一次1滴，一日1次。

托吡卡胺滴眼液
Tropicamide Eye Drops

【适应证】用于滴眼散瞳和调节麻痹。

【药理作用】本品为抗胆碱药，能阻滞乙酰胆碱引起的虹膜、括约肌及睫状肌兴奋作用。其0.5%溶液可引起瞳孔散大。1%溶液可引起睫状肌麻痹及瞳孔散大。

【禁忌证】闭角型青光眼动物禁用。动物有脑损伤、痉挛性麻痹及先天愚型综合征动物反应强烈应禁用。

【注意事项】

1. 为避免药物经鼻黏膜吸收，滴眼后应压迫泪囊部2~3 min。

2. 如出现口干、颜面潮红等阿托品样毒性反应立即停用，必要时予拟胆碱类药物解毒。

【规格】6 mL

【用法与用量】滴眼剂0.5%~1%溶液滴眼，一次1滴，间隔5 min滴第2次。

硫酸阿托品眼膏
Atropine Sulfate Eye Ointment

【适应证】升高眼压，用于散瞳，也可用于虹膜睫状体炎。

【药理作用】阿托品阻断M胆碱受体，使瞳孔括约肌和睫状肌松弛，导致去甲肾上腺素能神经支配的瞳孔扩大肌的功能占优势，从而使瞳孔散大。瞳孔散大把虹膜推向虹膜角膜角，妨碍房水通过小梁网排入巩膜静脉窦，引起眼压升高。阿托品使睫状肌松弛，拉紧悬韧带使晶状体变扁平，减低其屈光度，引起调节麻痹，处于看远物清楚，看近物模糊的状态。

【不良反应】

1. 眼部用药后可能产生视力模糊，短暂的眼部烧灼感和刺痛、畏光，并可因全身吸收出现口干皮肤、黏膜干燥，发热，面部潮红，心动过速等现象。

2. 少数动物眼睑出现发痒、红肿、结膜充血等过敏现象，应立即停药。

【禁忌证】青光眼。前列腺肥大。幼龄动物脑外伤。唐氏综合征。痉挛性瘫痪。

【规格】1%（2 g：20 mg）

【用法与用量】涂于眼睑内，一日3次。

右旋糖酐羟丙甲纤维素滴眼液（泪然）
Dextran and Hypromellose Eye Drops (Tears Naturale Ⅱ)

【适应证】减轻各种原因造成的眼部干涩、灼热或刺激等不适症状（干眼症）。减轻由于暴露于风沙阳光下造成的眼部不适。

【注意事项】

1. 使用后如果感到眼部有疼痛、视物模糊、持续性充血及刺激感或病情加重持续72 h以上时，应停药并请医生诊治。

2. 药液变色或混浊时请勿使用。

3. 请勿接触瓶口，以防污染药液，用后盖紧瓶盖。

【规格】15 mL

【用法与用量】根据需要滴眼，一次1~2滴。

玻璃酸钠滴眼液
Sodium Hyaluronate Eye Drops

【适应证】干眼综合征。

【注意事项】

1. 可能会出现瘙痒感、刺激感、充血、弥漫性表层角膜炎等角膜障碍，如出现上述症状，应立即停止用药。

2. 过敏：偶有发生眼睑炎、眼睑皮肤炎等过敏症状，如过敏，应立即停止用药。

3. 滴眼时注意不要将滴眼瓶瓶口部与眼接触。使用时，弃去最初1～2滴。

【规格】5 mL：5 mg（以玻璃酸钠计）

【用法与用量】滴眼，一次1~2滴，一日2~3次。

聚乙烯醇人工泪液
Polyvinyl Alcohol Artificial tears

【适应证】治疗和预防眼部干涩、异物感、眼疲劳等刺激症状或改善眼部的干燥症状。

【规格】15 mL

【用法与用量】滴眼，一日3~4次，一次1~2滴。

优乐沛（人工泪液）
Hypo Tear Gel

【适应证】干眼综合征。

【药理作用】人工泪液可以起到滋润眼睛的作用，通常干燥综合征的动物都会有泪液质量的异常，使用了人工泪液后可以有效地缓解症状，让其眼睛表面重新形成一种层工保护膜。

【规格】0.4 mL

【用法与用量】滴眼，一次数滴。

欧可明滴眼液
OcluVet Eye Drops

【适应证】延缓白内障恶化，预防及保健。

【规格】15 mL

【用法与用量】一日3次，一次1滴，连用6~8周。维持剂量：一日1~2次，一次1滴。

快纳史滴眼液
Quinax Eye Drops

【适应证】用于治疗老龄性白内障，外伤性白内障。

【规格】5 mL

【用法与用量】滴眼，一次2滴，一日3~5次。

普罗碘铵注射液
Prolonium Iodide Injection

【适应证】为眼病的辅助治疗药，用于晚期肉芽肿或非肉芽肿性虹膜睫状体炎、视网膜脉络膜炎、眼底出血、玻璃体混浊、半陈旧性角膜白斑、斑翳。亦可用于视神经炎（但疗效不确切）。

【不良反应】碘过敏动物忌用。发生恶心或碘中毒时宜减量或停用。本品不得与甘汞制剂合并使用。

【禁忌证】对碘过敏动物禁用。严重肝肾功能减退动物、活动性肺结核、消化道溃疡隐性出血动物禁用。甲状腺肿大及有甲状腺功能亢进家族史动物禁用。

【注意事项】因本品能刺激组织水肿，一般不用于病变早期。

【规格】2 mL∶0.4 g

【用法与用量】结膜下注射，一次0.1~0.2 g，2~3 d1次，5~7次为一疗程。肌内注射，一次0.4g，一日或隔日1次，10次为一疗程。

注射用糜蛋白酶
Chymotrypsin for Injection

【适应证】本品为蛋白分解酶类药。能促进血凝块、脓性分泌物和坏死组织等液化清除，用于眼科手术以松弛睫状韧带，减轻创伤性虹膜睫状体炎。也可用于创口或局部分泌和水肿。

【不良反应】

1. 肌内注射偶可致过敏性休克，用前应先做皮肤过敏试验。

2. 本品可引起组胺释放，招致注射局部疼痛、肿胀。

3. 眼科局部应用可引起短暂性的眼内压增高，导致眼痛和角膜水肿，青光眼症状可持续一周后消退。

4. 可致角膜线状混浊、玻璃体疝、虹膜色素脱落、葡萄膜炎，以及创口开裂或延迟愈合。

5. 本品对视网膜有较强的毒性，应用时勿使药物透入玻璃体，因可造成晶状体损坏。

【禁忌证】严重肝病或凝血功能不正常动物禁用。眼内压高或伴有角膜变性的白内障动物以及玻璃体有液化倾向动物禁用。

【注意事项】

1. 本品不可静脉注射。

2. 本品遇血液迅速失活，因此在用药部位不得有未凝固的血液。

3. 如引起过敏反应，应立即停止使用，并用抗组胺类药物治疗。

4. 本品溶解后不稳定，现用现配。

【规格】4000 U

【用法与用量】用前将本品以氯化钠注射液适量溶解。肌内注射，一次量4000 U。眼科注入后房，一次量800 U，3 min后用氯化钠注射液冲洗前后房中遗留的药物。

盐酸丙美卡因滴眼液（爱尔凯因滴眼液）
Proparacaine Hydrochloride Eye Drops (Alcaine Eye Drops)

【适应证】用于眼科局部表面麻醉，如测定眼压、白内障摘除术等。

【规格】15 mL：75mg（以盐酸丙美卡因计）

【用法与用量】测定眼压：0.5%溶液1~2滴，约20 min即可充分发挥作用，持续15 min，无散瞳作用。白内障摘除术：0.5%溶液，每5~10 min滴入1滴，反复5~7次。

五 皮肤用药

碘甘油
Iodine Glycerol

【主要成分】本品每毫升含主要成分碘10 mg，辅料为碘化钾、甘油和水。

【适应证】用于口腔黏膜溃疡、牙龈炎及冠周炎。

【不良反应】偶见过敏反应和皮炎。

【注意事项】参见第五部分消毒防腐药、卤素类药、碘甘油。

【规格】1%

【用法与用量】外用，用棉签蘸取少量本品涂于患处，一日2~4次。

聚维酮碘乳膏
Povidone Iodine Cream

【适应证】用于化脓性皮炎、皮肤真菌感染、小面积轻度烧烫伤，也用于小面积皮肤、黏膜创口的消毒。

【药理作用】【不良反应】【禁忌证】参见第五部分：消毒防腐药、卤素类药、聚维酮碘乳膏。

【注意事项】

1. 对本品过敏动物禁用，过敏体质动物慎用。

2. 避免接触眼睛和其他黏膜（如口、鼻等）。

3. 用药部位红肿时应停药，并将局部药物洗净。

【规格】10%

【用法与用量】外用，取适量涂抹于患处。

复方硫酸庆大霉素喷剂（犬抗菌止痒喷剂）
Compound Gentamycin Sulfate Spray

【主要成分】甲硝唑，硫酸庆大霉素，盐酸利多卡因，地塞米松和氮酮。

【适应证】用于治疗犬细菌性感染引起的脓皮症，尤其是伴发严重瘙痒症状的病例。对于中间型葡萄球菌、金黄色葡萄球菌、表皮葡萄球菌、链球菌、假单胞菌、大肠杆菌等均有杀灭作用。

【注意事项】

1. 仅用于犬。

2. 使用时应避免进入眼睛、口腔及耳道深部。

3. 避免患病动物因大量舔药物而引起医源性库兴综合征。

4. 妊娠期犬不宜长期大量使用。

【规格】100 mL：1350 mg

【用法与用量】仅限犬用。外用，喷于患部，每次以患部湿润为宜，一日3~5次。

莫匹罗星软膏（百多邦）
Mupirocin Ointment

【适应证】局部外用抗菌药，用于革兰阳性球菌引起的皮肤感染，例如：脓皮病、疖肿、毛囊炎等原发性皮肤感染及湿疹合并感染、溃疡合并感染、创伤合并感染等继发性皮肤感染。

【不良反应】一般无不良反应，偶见局部烧灼感、蜇刺感及瘙痒等，一般不需停药。

【禁忌证】对莫匹罗星或其他含聚乙二醇软膏过敏动物禁用。

【规格】5 g：2%莫匹罗星

【用法与用量】外用，局部涂于患处，一日3次，5 d为一疗程。

曲咪新乳膏（皮康霜）
Triamcinolone Acetonide Acetate and Miconajole Nitrate and
Neomycin Sulfate Cream

【主要成分】硝酸咪康唑，醋酸曲安奈德，硫酸新霉素。

【适应证】用于各种各种皮炎、湿疹、皮肤浅表性真菌感染、瘙痒性皮肤病等。

【药理作用】本品所含硝酸咪康唑为广谱抗真菌药，对某些革兰阳性细菌也有抗菌作用。醋酸曲安奈德为糖皮质激素类药物，外用具有抗炎、抗过敏及止痒作用。硫酸新霉素对多种革兰阳性与阴性细菌有效。

【不良反应】

1. 偶见过敏反应。

2. 可见皮肤烧灼感、瘙痒、针刺感。

3. 长期使用可使局部皮肤萎缩、色素沉着、多毛等。

【注意事项】

1. 避免接触眼睛和其他黏膜（如口、鼻等）。

2. 用药部位如有烧灼感、红肿等情况应停药，并将局部药物洗净，必要时向医师咨询。

3. 高血压、心脏病、骨质疏松症、肝功能不全的动物慎用。

4. 不得长期大面积使用。

5. 连续用药不能超过4周，面部、腋下、腹股沟及外阴等皮肤细薄处连续用药不能超过2周，症状不缓解，请咨询医师。

6. 对本品过敏动物禁用，过敏体质动物慎用。

7. 本品性状发生改变时禁止使用。

8. 请将本品放在幼龄动物不能接触的地方。

【规格】10 g：含硝酸咪康唑10 mg，醋酸曲安奈德1 mg，硫酸新霉素30000 U

【用法与用量】外用，直接涂擦于洗净的患处，一日2~3次。

盐酸特比萘芬乳膏
Terbinafine Hydrochloride Cream

【适应证】由皮肤癣菌如毛癣菌（红色毛癣菌、须毛癣菌、疣状毛癣菌、断发毛癣菌、紫色毛癣菌）、犬小孢子菌和絮状表皮癣菌引起的皮肤、毛发真菌感染。

【药理作用】同复方盐酸特比萘芬片。

【不良反应】常见为胃肠道症状（胀满感、食物降低、消化不良、恶心、轻微腹痛腹泻），轻微的皮肤反应（皮疹、荨麻疹），骨骼肌反应（关节痛、肌痛）。

【注意事项】本品在有或没有肝病病史的动物中均可能产生肝毒性，不推荐将特比萘芬用于急慢性肝病动物，若动物出现肝功能不全的症状，应停止特比萘芬治疗。在肾功能受损的动物应当服用正常剂量的一半。

【规格】10 g

【用法与用量】外用，涂抹在洁净干燥的患处及其周围皮肤并轻揉片刻，1~2周为一疗程。

复方伊曲康唑软膏（霉菌净软膏）
Compound Itraconazole Ointment

【主要成分】伊曲康唑，醋酸氯己定。

【适应证】主要用于治疗犬、猫由于马拉色菌、中间型葡萄球菌共同引起的皮炎。

【规格】15 g

【用法与用量】面部、口唇周围。指/趾间。腋窝、股内侧多发区。局部外用，一日2~3次。

醋酸曲安奈德硝酸益康唑乳膏
Triamcinolone Acetonide Acetate and Econeazole Nitrate Cream

【适应证】皮炎、湿疹。浅表皮肤真菌病，也用于真菌、细菌所致的皮肤混合感染。

【不良反应】

1. 局部偶见过敏反应，如出现皮肤烧灼感、瘙痒等。

2. 长期使用时可出现皮肤萎缩、毛细血管扩张、色素沉着以及继发感染。

【禁忌证】皮肤结核、病毒感染禁用。

【注意事项】

1. 避免接触眼睛和其他黏膜。

2. 对本品过敏动物禁用，不得长期大面积使用。

【规格】15 g：醋酸曲安奈德16.5 mg，硝酸益康唑150 mg

【用法与用量】局部外用。早晚各一次。治疗皮炎、湿疹时，疗程2~4周。治疗炎症性真菌性疾病应持续至炎症反应消退，疗程不超过4周。

酮康唑乳膏（999选灵乳膏）
Ketoconazole Cream

【适应证】本品用于手癣、足癣、体癣、股癣、花斑癣及皮肤念珠菌病。

【药理作用】同酮康唑片。局部外用几乎不经皮肤吸收。

【禁忌证】对酮康唑及本处方成分过敏动物禁用。

【注意事项】避免接触眼睛。

【**规格**】（1）10 g：0.2 g　（2）20 g：0.4 g

【**用法与用量**】局部外用，取本品适量涂于患处，一日2~3次。

复方酮康唑乳膏（舒肤乳膏）
Compound Ketoconazole Ointment

【**主要成分**】酮康唑，甲硝唑，薄荷脑。

【**适应证**】本品为抗微生物药。用于治疗犬猫真菌病及厌氧菌等引起的细菌性皮肤病。

【**不良反应**】本品有肝脏毒性和胚胎毒性。

【**注意事项**】妊娠期禁用；肝功能不全动物慎用；本品勿接触眼睛。

【**规格**】15 g：酮康唑0.15 g，甲硝唑0.3 g，薄荷脑0.15 g

【**用法与用量**】犬、猫外用。剪毛后涂擦于患处，一日3~5次，连用5~7 d。

复方酮康唑溶液（舒肤溶液）
Compound Ketoconazole Solution

【**主要成分**】甲硝唑，酮康唑，薄荷脑。

【**适应证**】本品为抗微生物药。用于治疗犬猫真菌、厌氧菌等引起的皮肤病。常用于毛癣菌、犬小孢子菌等真菌感染，疥螨病、蠕形螨病及脓皮病等多病原混合感染。

【**规格**】50 mL：酮康唑0.5 g，甲硝唑1.0 g，薄荷脑0.5 g

【**用法与用量**】剪毛后，喷雾适量于宠物皮肤病变区域；药物喷雾覆盖面积应大于病患区域面积：每日3~5次，连续使用5~7 d；病变消失后应继续使用4~5 d，或遵医嘱。

盐酸达克罗宁溶液（皮康）
Dyclonine Hydrochloride Solution

【**主要成分**】0.75%盐酸达克罗宁等。

【**适应证**】用于治疗或辅助治疗细菌、真菌、螨虫、过敏以及湿疹等引起的局部皮肤或黏膜炎症。

【药理作用】盐酸达克罗宁具有止痒止痛作用，对葡萄球菌（中间葡萄球菌、金黄色葡萄球菌、施氏葡萄球菌等）具有直接杀灭作用，同时对真菌（包括马拉色菌和念珠菌）等也显示出良好的抗菌作用。本品能够产生抗细菌、真菌、酵母菌和驱杀寄生虫的协同作用，同时具有清热、燥湿、收敛、止痒、抗溃疡和抗炎的作用，还可以溶解皮肤分泌物和微生物代谢产物，改善皮肤环境，从而发挥治疗作用。

【注意事项】对本品过敏动物禁用。对全身皮肤病仅作为辅助用药。避免喷入眼内。

【规格】30 mL：盐酸达克罗宁7.5 g

【用法与用量】外用，患部皮肤或黏膜喷雾，一日2~3次。

宠达宁喷剂
ChowDaLing Aerosol

【主要成分】盐酸达克罗宁，薄荷脑精油等。

【适应证】用于舒缓由于小伤口，抓挠及跳蚤、各种蜱等诱发皮炎导致的皮肤刺激，同时对于真菌感染也有较好效果。对湿疹性皮炎等引起的瘙痒疼痛也有效。

【规格】30 mL

【用法与用量】宠物犬、猫外用，局部喷雾，一日2~3次，3 d为一疗程。

复合溶葡萄球菌酶杀菌剂（可鲁喷剂）
Compound Lysostaphin Bactericide Aerosol

【主要成分】重组溶葡萄球菌酶。

【适应证】用于各类致病菌引起的皮肤创面感染，慢性溃疡，耳道感染及皮肤感染，同时可预防手术切口感染。

【注意事项】

1. 首次使用时，先空喷3~4次，即可喷出药液。

2. 如果旋下喷雾头直接使用药液时，须无菌操作，以免污染药液。

【规格】50 mL

【用法与用量】

1. 由细菌、真菌感染引起的皮肤创面感染：均匀喷洒在患处，一日3~4次，以充分湿润患处为宜。

2. 由炎症、细菌、病毒、真菌、原虫引起的外耳炎：均匀喷洒在患处，一日1~2次，以充分湿润患处为宜。

3. 手术及其他创伤：均匀喷洒在创面处，或用本品浸湿无菌纱布后湿敷创面。

4. 烧伤、烫伤等创面：均匀喷洒在创面处，或用本品浸湿无菌纱布后湿敷创面。

复合溶葡萄球菌酶抗菌凝胶（可鲁凝胶）
Compound Lysostaphin Bactericide Gel

【主要成分】【适应证】同可鲁喷剂。

【规格】30 g

可立净
Freshia Klinosse Plus

【主要成分】每100 g含有黏土83 g，植物纤维11 g，丝兰提取物3 g，精油1 g，其他2 g。

【适应证】加速伤口干燥，迅速吸湿、拔干。促进各种原因导致的伤口愈合，如外伤、湿疹等。有效止血，防止创口感染，如挫伤、擦伤等。

【规格】20 g

【用法与用量】取适量覆盖伤口为标准，一周数次，或遵医嘱。

外伤散
Waishang San

【主要成分】冰片，硼砂，朱砂，玄明粉，呋喃新。

【适应证】清凉消肿，凉血解毒，敛疮生肌，对动物皮肤细菌性感染，过敏性皮炎，脓皮症，阴囊皮炎，肛门腺炎，外耳道炎，湿性糜烂，化脓性中耳炎，骨折或软组织损伤常合并张力性水泡及皮炎具有明显效果。

【规格】50 g

【用法与用量】清理患处后直接将本品喷洒覆盖在患处即可，一日2次，或遵医嘱。

止血粉
Zhixue Fen

【主要成分】大黄，冰片，沸石等。

【适应证】可快速止住因指甲剪伤和皮肤表面划伤引起的出血，并有消炎解毒的功效。

【规格】50 g

【用法与用量】外用，适量。

鱼石脂软膏
Ichthammol Ointment

【适应证】用于皮肤疖肿。

【主要成分】【不良反应】【禁忌证】【注意事项】参见第五部分消毒防腐药。

【规格】10g：1g（10%）

【用法与用量】直接涂抹患处。

扶正祛风胶囊
Fuzheng Qufeng Capsules

【主要成分】熟地等10多种中药。

【适应证】补养气血，扶正祛邪，调理气血，通阳化气，以达肌肤各部。更可滋润肌肤，保护皮肤健康调理不明原因皮肤瘙痒，辅助西药治疗皮肤病，同时预防西药的副作用。

【规格】5 g

【用法与用量】口服，每10 kg体重1粒，一日2次，30 d为一疗程或遵医嘱。

胱氨酸片
Cystine Tablets

【适应证】用于治疗斑秃和脂溢性脱毛。

【规格】50 mg

【用法与用量】口服，一次1片，一日2次，一个疗程为3~6个月或遵医嘱。

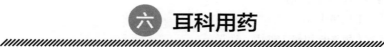

六 耳科用药

氧氟沙星滴耳液
Ofloxacin Ear Drops

【适应证】对革兰阳性及阴性菌具有广谱抗菌作用。临床用于治疗敏感菌引起的中耳炎、鼓膜炎、外耳道炎。

【不良反应】少有耳痛、瘙痒感等不良反应。

【禁忌证】对喹诺酮类药物有过敏病史的动物禁用。

【规格】5 mL：15 mg

【用法与用量】点耳，一次2~3滴，一日2次，一疗程为4周。滴耳后进行约10 min耳浴，根据症状适当增减滴耳次数。

复方伊曲康唑软膏（犬耳净）
Compound Itraconazole Ointment

【主要成分】硫酸庆大霉素，倍他米松戊酸酯，伊曲康唑。

【适应证】主要用于治疗细菌、真菌及细菌真菌混合感染引起的各种耳炎，并可减缓感染引起的刺激。在临床应用上具有减轻耳炎感染引起的各种症状如耳部红、肿、耳分泌物过多、耳内异物等作用，并具有强大的抗菌功效。

【注意事项】仅用于宠物犬。本品对肝酶的影响较酮康唑轻，但仍应警惕发生肝损害，所以请严格按照推荐剂量使用。使用前必须确保鼓膜完整性良好。如出现超敏反应，请立即停止使用并及时进行处理。请勿让幼龄动物接触本品。

【规格】15 g

【用法与用量】犬外用，一日2次滴入耳道中，一次4~6滴，连续使用5~7 d。

复方克霉唑软膏（耳特净）
Compound Clotrimazole Ointment (Otomax®)

【主要成分】克霉唑，倍他米松戊酸酯，硫酸庆大霉素等。

【适应证】用于治疗犬由真菌（皮屑芽孢菌）和对庆大霉素敏感的细菌感染引起的急性和慢性外耳炎。

【不良反应】

1. 长期使用含硫酸庆大霉素类的药物，尤其是肾功能不全时，有可能产生可逆性的耳前庭毒性、耳蜗毒性以及肾脏毒性。

2. 偶尔会使少量敏感犬（衰老的犬）出现可逆性全聋或部分聋的现象。

【注意事项】

1. 不能应用于中耳膜（鼓膜）穿孔的犬。

2. 如果出现超敏反应，停止用药。

3. 如果治疗期间出现听力或耳前庭功能障碍，应立即停用，并用对耳无毒性的溶剂彻底冲洗耳道。

4. 按推荐剂量使用，不得超过7 d。

【规格】10 g

【用法与用量】外用。体重小于15 kg的犬，每次4滴，一日2次。体重超过15 kg的犬，一次8滴，一日2次。连续给药7 d。

复方制霉素软膏（耳肤灵®）

Compound Nystatin Ointrment (Oridermyl®)

【主要成分】硫酸新霉素，制霉菌素，曲安奈德，氯菊酯等。

【适应证】治疗犬、猫由细菌、真菌和寄生虫引起的耳部感染。

【药理作用】本品为抗感染、皮质甾类、抗真菌以及抗寄生虫活性成分的组合。其中曲安奈德为合成的糖皮质类固醇物质，具有抗感染和抗瘙痒的特性；硫酸新霉素为氨基糖苷类抗菌药，对革兰阴性需氧菌和葡萄球菌具有杀菌活性；制霉菌素属于抗真菌药物，具有抵抗假丝酵母菌以及马拉色菌的活性；氯菊酯属于合成的拟除虫菊酯类化合物为杀螨剂和杀虫剂，通过作用于钠离子通道而阻断昆虫体内的神经冲动传导。

【注意事项】

1. 不得长期大剂量使用。

2. 妊娠和哺乳期的动物应在兽医指导下使用。

3. 为防止动物舔食意外摄取，尤其是猫，不要将软膏粘到动物皮毛上。

4. 使用本品后要清洗手，一旦接触到眼睛或皮肤，应立即用大量的水进行清洗。

5. 一旦意外摄取本品，应立即求医并将产品的外包装说明书告知医生。

6. 对本品任何一种成分过敏的人员应避免接触本品。

7. 置于儿童接触不到、看不到的地方。

8. 开盖后保存期为28 d。

【规格】10 g

【用法与用量】犬和猫耳部外用药。清洗外耳后，以适当量（豌豆粒大小为宜）挤入耳道，轻轻按摩耳底部。一日1次，直至痊愈。推荐给药周期为21 d。

黄柏滴耳剂（耳康）

Chen's Ear Health Drops

【适应证】用于多种细菌、真菌（包括马拉色菌、酵母菌等）、耳螨以及湿疹、过敏等引起的各种宠物耳道炎症。

【**药理作用**】黄柏性寒、味苦，其清热燥湿，常用于湿热泻痢、黄疸、热痹、热淋等症。现代研究表明，黄柏含有小檗碱、黄柏碱等成分，具有抗细菌抗病毒、抗真菌，以及收敛消炎等功效，对各种皮肤湿毒、疮溃等症状效果良好。同时还可溶解耳道分泌物和微生物代谢产物，改善耳道环境，对葡萄球菌属，棒状杆菌，真菌引起的犬、猫耳病均具有治疗作用。

【**注意事项**】持续用药不见效果动物，耳道增生物导致无法滴入动物，伴有其他原因如肿瘤、内分泌失调等全身性疾动物，应改换其他疗法。

【**规格**】25 mL

【**用法与用量**】

1. 提起耳尖，挤压药液2~4次，使药液充满耳道。

2. 揉按耳根30 s以上，以能听到液体声响为佳，对于耳道充血、出血严重的病例，请慎重按揉。

3. 用柔软纸张轻轻吸取上浮的液体及污物。

4. 残留的药液不必介意，任宠物自行摇头甩出即可，一日1次。

第十九部分

解毒药

复方甘草酸铵注射液（强力解毒敏）
Compound Ammonium Glycyrrhizinate Injection

【适应证】具有肾上腺皮质激素作用，但无激素药副作用，并通过稳定细胞膜、颉颃过敏介质等多种途径发挥其抗炎抗过敏作用。亦用于解毒、病毒性肝炎、以及肿瘤放、化疗的辅助治疗。

【注意事项】大剂量应用于少数动物，能引起水肿、低血钙或血压升高，停药后即可恢复正常。严重低血钾、高血压、心力衰竭、肾衰竭动物禁用。

【规格】2 mL

【用法与用量】肌内或皮下注射，一次2~4 mL。

乙酰胺注射液（解氟灵）
Acetamide Injection

【适应证】用于氟乙酸胺、氟醋酸钠及甘氟中毒特效解毒。

【药理作用】本品对有机氟杀虫、杀鼠药氟乙酰胺、氟乙酸钠等中毒具有解毒作用。氟乙酰胺进入机体后被酰胺酶分解生成氟乙酸，氟乙酸钠也可转化为氟乙酸。氟乙酸与细胞内线粒体的辅酶A与草酸反应形成氟柠檬酸，阻断三羧酸循环中柠檬酸的氧化，破坏了正常的三羧酸循环，妨碍体内能量代谢而产生中毒。乙酰胺的解毒机理是由于其化学结构与氟乙酰胺相似，乙酰胺的乙酰基与氟乙酰胺争夺酰胺酶，使氟乙酰胺不能脱胺转化为氟乙酸。乙酰胺被酰胺酶分解生成乙酸，阻止氟乙酸对三羧酸循环的干扰，恢复组织正常代谢功能，从而消除有机氟对机体的毒性。

【不良反应】

1. 本品酸性强，肌内注射时可引起局部疼痛。注射时可加入盐酸普鲁卡因混合使用，以减轻疼痛。

2. 大量应用可能引起血尿，必要时停药并加用糖皮质激素使血尿减轻。

【注意事项】氟乙酰中毒动物，包括可疑中毒动物均应及时给予本品，尤其在早期应给予足量。本品与解痉药半胱氨酸合用，疗效较好。为避免注射疼痛，需加普鲁卡因混合注射液。

【规格】5 mL：2.5 g

【用法与用量】肌内注射，按体重一日量0.1 g，分2~4次注射，一般连续注射5~7 d。

碘解磷定注射液
Pralidoxime Iodide Injection

【适应证】对急性有机磷杀虫剂抑制的胆碱酯酶活力有不同程度的复活作用，用于解救多种有机磷酸酯类杀虫剂的中毒。但对马拉硫磷、敌百虫、敌敌畏、乐果、甲氟磷、丙胺氟磷和八甲磷等的解毒效果较差。对氨基甲酸酯杀虫剂所抑制的胆碱酯酶无复活作用。

【不良反应】注射后可引起恶心、呕吐、心率增快、心电图出现暂时性S–T段压低和Q–T时间延长。注射速度过快引起眩晕、视力模糊、复视、动作不协调。剂量过大可抑制胆碱酯酶、抑制呼吸和引起癫痫发作。口中苦味和腮腺肿胀与碘有关。

【规格】2 mL：0.5 g

【用法与用量】肌内注射或静脉缓慢注射，一次0.5~1 g，视病情需要可重复注射。

氯解磷定注射液
Pralidoxime Chloride Injection

【适应证】本品用于多种有机磷中毒，较碘解磷定强，起效快、水溶性高，可肌内注射，也可与碱性药物配伍使用。对敌百虫、敌敌畏效果差，对乐果、马拉硫磷的疗效可疑或无效。

【药理作用】本品系肟类化合物，其季铵基团能趋向与有机磷杀虫剂结合的已失去活力的磷酰化胆碱酯酶的阳离子部位结合，它的亲核性基团可直接与胆碱酯酶的磷酸化基团结合而后共同脱离胆碱酯酶，使胆碱酯酶恢复原态，重新呈现活力。

【注意事项】见咽痛及腮腺肿大，注射过快可引起呕吐、心动过缓，严重者可发生阵挛性抽搐。

【不良反应】注射后可引起恶心、呕吐、心率增快、心电图出现暂时性S-T段压低和Q-T时间延长。注射速度过快引起眩晕、视力模糊、复视、动作不协调。剂量过大可抑制胆碱酯酶、抑制呼吸和引起癫痫样发作。

【规格】2 mL：0.5 g

【用法与用量】肌内注射或静脉缓慢注射，0.5~1 g（1~2支），之后根据临床病情和血胆碱酯酶水平，每1.5~2 h可重复1次。静脉滴注方法和用药天数可参见碘解磷定。

第二十部分

免疫调节药和抗肿瘤药

一 免疫调节药

犬血白蛋白静脉注射液
Canine Albumin for Intravenous Injection

【适应证】用于预防或抢救犬失血性休克、创伤性休克，严重烧伤、烫伤等。治疗低蛋白血症、肝硬化、肾脏疾病所致的腹水和水肿，以及脑水肿或大脑损伤引起的脑压增高等。

【药理作用】白蛋白作为溶质可降低水分子的势能，扩充血容和减少水肿，并能对某些离子（如钙、铜等二价金属离子）和化合物（如胆红素、尿酸、乙酰胆碱、组胺等以及多种药物）均具有较高的亲和力，可与之可逆性结合发挥运输和调节作用。

【注意事项】

1. 应单独静脉滴注，不得与其他药物混合使用。

2. 有严重酸碱代谢紊乱的病犬慎用。

3. 开启后应一次用完，不得分次使用。

4. 使用中若发现病犬不适，应立即停止使用。

【规格】5 mL：10%

【用法与用量】为防止大量使用时造成机体组织脱水，使用时可用5%葡萄糖注射液或0.9%氯化钠注射液稀释本品后进行静脉滴注。滴注开始15 min内注意速度要缓慢，之后逐渐加速至正常输液速度即可。按体重静脉滴注剂量为：2.5 kg以下犬，一日5 mL。2.5~5 kg犬，一日10 mL。5~10 kg犬，一日20 mL。10 kg以上犬，一日20~40 mL。

犬血免疫球蛋白静脉注射液
Canine Immunoglobulin for Intravenous Injection

【适应证】本品在抗感染和免疫调节中发挥着重要作用，用于预防和治疗病毒病、细菌病、真菌病、寄生虫感染以及各种免疫缺乏症和免疫低下症等。

【药理作用】免疫球蛋白是机体免疫系统的重要成分，在抗感染和免疫调节中发挥着重要作用。制品中含有广谱抗病毒和细菌的IgG抗体，具有调理和中和作用。经静脉输注后，可迅速提高受者血液中IgG水平，主要用于预防和治疗病毒性、细菌性、真菌性、寄生虫性感染，以及各种免疫缺乏症和免疫低下症等。

【注意事项】

1. 本品开启后，应一次用完。

2. 本品应单独静脉滴注，不得与其他药物混合使用。

3. 有严重酸碱代谢紊乱的病犬慎用。

4. 使用过程中若发现病犬有不适反应，应立即停止使用。

【规格】5 mL：2.5%

【用法与用量】使用时可用5%葡萄糖注射液或0.9%氯化钠注射液稀释本品后进行静脉滴注。静脉滴注剂量：5 kg以下犬，1次5 mL。5~10 kg犬，1次10 mL。10 kg以上犬，1次10~20 mL。一日1次，连用3 d。滴注速度：首次使用本品，开始30 min滴注速度要缓慢。若未见不良反应，可逐渐加速至正常输液速度。

注射用冻干型重组犬瘟抑制蛋白

Recombinant Canine Distemper Inhibitor for Injection (Freeze Dried)

【适应证】治疗犬瘟热。

【注意事项】

1. 对患有犬瘟热的动物，可用本品进行预防注射，剂量同发病犬的治疗量。

2. 本品可与干扰素、抗体及抗菌药等药物同时使用。

3. 使用本品的5~7 d内暂不注射犬瘟热疫苗。

4. 本品对妊娠母犬、哺乳母犬及幼犬使用安全，无毒副作用。

5. 对疫苗、本品等生物制剂有过敏史动物不能使用。

6. 溶解后如遇有浑浊、沉淀等异常现象，不得使用。

【规格】（1）200万U （2）400万U

【用法与用量】肌内注射，每支用1 mL注射用水或注射用0.9%氯化钠注射液溶解，每千克体重20万~40万U，一日1次，连续3~5 d。

胸腺肽注射液
Thymopolypeptides for Injetion

【主要成分】胸腺α_1及其他小分子多肽，辅料为右旋糖酐40。

【适应证】用于治疗各种原发性或继发性T细胞缺陷病，某些自身免疫性疾病，各种细胞免疫功能低下的疾病及肿瘤的辅助治疗，包括：① 各型重症肝炎、慢性活动性肝炎、慢性迁延性肝硬化等。② 带状疱疹、生殖器疱疹、尖锐湿疣等。③ 支气管炎、支气管哮喘、肺结核、预防上呼吸道感染等。④ 各种恶性肿瘤前期及化疗、放疗合用并用。⑤ 红斑狼疮、风湿性及类风湿性疾病、强直性脊柱炎、格林巴利综合征等。⑥ 再生障碍性贫血、白血病、血小板减少症等。⑦ 病毒性角膜炎、病毒性结膜炎、过敏性鼻炎等。⑧ 老龄性早衰、动物更年期综合征等。⑨ 多发性疖肿及面部皮肤痤疮等，银屑病、扁平苔藓、鳞状细胞癌及上皮角化症等。⑩ 幼龄动物先天性免疫缺陷症等。

【注意事项】对于过敏体质动物，注射前或治疗终止后再用药时需做皮内敏感试验（配成25 μg/mL的溶液，皮内注射0.1 mL），阳性反应动物禁用。如出现混浊或絮状沉淀物等异常变化，禁忌使用。妊娠动物及哺乳期动物慎用。

【规格】2 mL：20 mg

【用法与用量】皮下或肌内注射，每千克体重0.05~0.5 mg，一日1次或遵医嘱。也可溶于5%葡萄糖注射液或0.9%氯化钠注射液静脉滴注。

注射用重组犬干扰素α突变体（冻干型）
Recombinant Canine Interferon-α Mutagen for Injection

【适应证】犬病毒性疾病，包括：犬瘟热、犬细小病毒性肠炎、犬腺病毒病、犬副流感、犬冠状病毒感染、犬疱疹病毒感染、犬病毒性角膜炎及其他病毒性疾病。

【不良反应】用本品偶有体温升高等过敏症状，不良反应多在注射48 h后消失。

【注意事项】

1. 本品对妊娠母犬、哺乳母犬及幼犬安全，无毒副作用。
2. 对疫苗、本品等生物制剂有过敏史动物谨慎使用。
3. 溶解后如遇有浑浊、沉淀等异常现象，不得使用。
4. 对于过敏犬，初次使用前应皮试。

【规格】200万U

【用法与用量】肌内或皮下注射，每支用1mL灭菌注射用水溶解，推荐剂量为每千克体重50万~200万U，一日1次，连用3~5 d。

重组犬干扰素γ注射液（顽皮灵）
Recombinant Canine Interferon-γ for Injection

【适应证】① 皮肤病：慢性过敏性皮肤病、天疱疮、顽固性脓皮病、棘皮症、蚤过敏性皮肤病、病毒性皮肤病、螨虫感染反复发作、湿疹性皮肤病、难处理的药疹及其他慢性、顽固性皮肤病。② 病毒性疾病：犬瘟热、犬细小病毒病、犬冠状病毒感染、犬疱疹病毒感染等病毒性疾病。③ 免疫力低下症。

【规格】500万U

【用法与用量】皮下注射，每支用1mL注射用水溶解，一日1次。每千克体重剂量：10 kg以下犬，500万U。10~20 kg犬，1000万U。20 kg以上犬，500万U。

重组白细胞介素-2注射液（协力肽）
Recombinant Interleukin-2 for Injection

【适应证】适用于免疫缺乏症，抗肿瘤治疗。本品通过对B细胞和T细胞激活、分化、增强其活性和溶解、杀伤病原体作用，从而提高动物机体的体液和细胞免疫水平。还可用于病毒性疾病（包括犬瘟热、犬细小、传染性肝炎与猫瘟热、传染性鼻气管炎等），以及细菌、寄生虫感染性疾病的辅助治疗。

【不良反应】最常见的是发热、寒颤，而且与用药剂量有关，一般是一过性发热，停药后体温多可自行恢复到正常。

【规格】2 mL：20万U

【用法与用量】肌内注射，每千克体重0.3~0.5 mL，一日1次，连续给药，3~5 d为一疗程。重症加量，如需要稀释可用注射用水。若配合免疫用量减半，仅用1次。

注射用神经生长因子（神奇康肽）
Nerve Growth Factor for Injection

【适应证】治疗和预防由于细菌及病毒感染、外伤等原因引起的外周、感觉和中枢神经损伤，如反应迟缓、抽搐、震颤、痉挛、步态蹒跚、感觉迟钝或麻痹、食欲下降或兴奋、不安、烦躁、惊恐，同时还可以用于老龄犬、猫痴呆、生殖力下降的预防和治疗。

【药理作用】本品可以促进交感神经元、感觉以及中枢神经元的发育、分化，并维持其正常功能，防止其退行性病变，对各种原因引起的外周及中枢神经系统损伤具有促进修复和再生的作用，同时具有一定的增强免疫，提高机体造血、生殖和抗衰老的功能。

【注意事项】

1. 本品可以与抗感染类药物同时使用。

2. 发现浑浊、沉淀停止使用。

3. 对同类产品有过敏史动物不能使用。

4. 一瓶启用后，应一次用完。

【规格】2 mL：500 U

【用法与用量】肌内注射，一次1支，一日1次，4周为一疗程，根据病情轻重可遵医嘱多疗程连续给药。

注射用重组粒细胞巨噬细胞集落刺激因子（巨力肽）
Recombinant Human Granulocyte-Macrophage Colony
Stimulating Factor for Injection

【适应证】治疗犬、猫由病毒或细菌、真菌、寄生虫感染引起的白细胞减少症，由某些药物（激素类、或肿瘤化疗类药物）引起的白细胞生成障碍症，由大手术或创伤之后引起的血细胞缺少症，预防犬、猫由应激反应引起的机体免疫力下降。

【规格】2 mL：100 μg

【用法与用量】肌内注射，每10 kg体重1支，一日1次，3~5 d为一疗程。

犬猫高免因子胶囊
High-immunizedswine Transfer Factor (HITF)Capsules for Dogs and Cats

【主要成分】多肽、多核苷酸和双螺旋RNA。

【适应证】

1. 用于皮肤黏膜真菌病、湿疹、血小板减少、多次感染综合征等均有较好的疗效。

2. 用于犬、猫病毒性及细菌性感染：如犬瘟热、细小病毒病、犬副流感病、传染性肝炎、猫传染性鼻气管炎（环状病毒感染）、疱疹性角膜炎、白色念珠菌感染、猫披衣菌感染、病毒性心肌炎等的辅助治疗。

3. 用于免疫力低下、容易生病、精神萎靡、四肢乏力、形体消瘦、被毛粗乱、可视黏膜苍白、伤口经久不愈、慢性消耗性疾病及老龄性综合征等。也可作为加强免疫预防犬病毒性肝炎、病毒性肠胃炎、猫泛白细胞减少症。

4. 可作为加强免疫预防犬病毒性肝炎、病毒性肠胃炎、猫泛白细胞减少症。

【注意事项】

1. 不得与酸碱溶液同时注射。

2. 可与抗菌、抗病毒、中药解热镇痛药物分部位同时应用。

3. 开启后一次性用完，有污染勿用。

【规格】5 mg

【用法与用量】口服。治疗用量，一次2粒，一日2次，5~7 d为一疗程。提高免疫功能：一次1粒，一日1次，2~3周为一疗程。

犬猫高免因子注射液
High-immunizedswine Transfer Factor (HITF)Injection for Dogs and Cats

【适应证】同高免因子胶囊。

【规格】5 mg

【用法与用量】皮下注射。治疗用量，一次1支，一日1次，3~5次为一疗程。提高免疫功能，一次1支，一周1~2次。

注射用重组猫干扰素ω（咪咪佳）
Recombinant Feline Interferon-ω for Injection

【适应证】猫病毒性疾病。包括：传染性腹膜炎、传染性结膜炎、下痢、鼻气管炎、猫泛白细胞减少症、猫白血病、猫狂犬病、获得性免疫缺陷综合征（猫艾滋病），以及其他病毒性疾病。

【不良反应】使用本品偶有发烧等过敏症状不良反应多在注射48 h后消失。

【注意事项】溶解后应于当日用完，如遇有浑浊、沉淀等异常现象，不得使用。包装瓶有损坏的产品不能使用。对于过敏猫，初次使用前应皮试。

【规格】150万U

【用法与用量】肌内或皮下注射，每支用1mL注射用水溶解。每千克体重30万~50万U，一日1次，连用3~5 d。

L–赖氨酸（美尼喵）
Lysine Hydrochloride Granules

【适应证】高纯度赖氨酸补充剂，用于营养不良，精神发育迟滞幼猫。也可缓减由疱疹病毒感染引起的流泪过多、眼部分泌物增多、结膜炎、结膜水肿、眼睛疼痛怕光等症状，是预防和治疗由疱疹病毒感染引起的打喷嚏等上呼吸道感染的辅助用药。

【规格】每袋含L–赖氨酸500 mg

【用法与用量】美尼喵与湿粮充分混合后食用，一日1~2袋。

犬敏舒
Allergy Relief Probiotics Maintenance

参见抗过敏药犬敏舒颗粒及胶囊。

环孢素软胶囊
Ciclosporin Soft Capsules

【适应证】适用于经其他免疫抑制剂治疗无效的狼疮肾炎、难治性肾病综合征等自身免疫性疾病。预防同种异体肾、肝、心、骨髓等器官或组织移植所发生的排斥反应，也适用于预防及治疗骨髓移植时发生的移植物抗宿主反应。

【规格】（1）10 mg （2）25 mg （3）50 mg

【用法与用量】遵医嘱。

黄芪多糖粉（黄芪素）
Huangqi Duotang Fen

【适应证】增强免疫力，提高治愈率，缩短病程。诱导机体产生内源性干扰素。辅助用于犬瘟热、细小病毒、冠状病毒、猫泛白细胞减少症等病毒病的防治。免疫前后使用，有效调节机体的免疫应答水平，提高抗体滴度。防治犬、猫糖尿病，可对血糖进行双向调节。

1. 免疫后连续使用7 d，有效调节机体的免疫应答水平，提高抗体滴度。

2. 驱虫后连续使用7 d，有效缓解因驱虫引起的腹泻。

3. 皮肤病治疗中全程投喂可缩短皮肤病的治疗时间。

4. 老龄犬、猫每月2周保健，最大程度上改善其生活质量，延长宠物寿命。

5. 手术前后1周保健，促进皮肤软组织快速愈合。

6. 配合抗菌药使用能有效改善犬、猫口腔疾病的预后。

7. 幼犬、猫断乳期使用，提高机体抵抗力，减少疾病发生。

8. 发生病毒病（犬瘟热、病毒性感冒等）时连用7 d，有效缩短疗程。

【规格】1 g

【用法与用量】拌粮由宠物自由采食或在瓶中加入半瓶温水直接饮服。使用剂量按体重：4 kg以下，每次半瓶，一日1次，连用5~7 d。4~10 kg，每次1瓶，一日1次，连用5~7 d。10 kg以上，每次1.5瓶，一日1次，连用5~7 d。日常保健用量减半，连用15 d效果更佳。

黄芪多糖口服液（赐能素）
Huangqi Duotang Oral Solution

【适应证】疫苗伴侣，增强机体免疫力、修复胃肠道破损黏膜、抗病毒、抗肿瘤及抗应激等。

【规格】100 mL

【用法与用量】口服。治疗量：每千克体重1 mL，一日1次。日常保健用量：一次量1~2 mL，一日1次，连用15~20 d，停药10 d，即为一个周期，连续周期使用效果更佳。细小病毒感染后期，可配合达美健，按治疗量使用。

黄芪注射液
Huangqi Solution for Injection

【适应证】益气养元、扶正祛邪、养心通脉、健脾利湿、心气虚损、血脉瘀阻之病毒性心肌炎、心功能不全及脾虚湿困之肝炎。

【规格】10 mL

【用法与用量】肌内注射，一次量2~5 mL，一日1~2次。

黄芪多糖注射液（健力素注射液）
Huangqi Duotang Solution for Injection

【适应证】诱导机体产生干扰素、调节机体免疫功能、促进抗体形成。

【规格】2 mL：0.04 g

【用法与用量】肌内或皮下注射，一次量2~10 mL，一日1~2次，连用2~3 d。

二 抗肿瘤药

注射用硫酸长春新碱
Vincristine Sulfate for Injection

【适应证】用于治疗急性白血病、恶性淋巴瘤，也用于乳腺癌、支气管肺癌、软组织肉瘤、神经细胞瘤、以及犬转移性性肿瘤等。

【药理作用】长春新碱是夹竹桃科长春花中提取的有效成分，其抗肿瘤作用靶点是微管，主要抑制微管蛋白的聚合而影响纺锤体微管的形成。还可干扰蛋白质代谢及抑制RNA多聚酶的活力，并抑制细胞膜类脂质的合成和氨基酸在细胞膜上的转运。长春新碱、长春花碱和长春地辛三者间无交叉耐药现象，长春新碱神经毒性在三者中最强。

【不良反应】

1. 神经系统毒性是剂量限制性毒性，主要引起外周神经症状，与累积量有关。如足趾麻木、腱反射迟钝或消失，外周神经炎。腹痛、便秘，麻痹性肠梗阻偶见。运动神经、感觉神经和脑神经也可受到破坏，并产生相应症状。神经毒性常发生于8岁以上的中老龄动物，幼龄动物的耐受性好于成年动物，恶性淋巴瘤动物出现神经毒性的倾向高于其他肿瘤动物。

2. 骨髓抑制和消化道反应较轻。

3. 有局部组织刺激作用，药液不能外漏，否则可引起局部坏死。

4. 本品在动物中有致癌作用，长期应用可以引起卵巢或睾丸功能，引起闭经或者精子缺乏。

5. 可见脱毛，偶见血压的改变。

【禁忌证】

1. 2岁以下动物、妊娠及哺乳期动物慎用。

2. 本品不能作肌内、皮下或鞘内注射。

【注意事项】

1. 对诊断的干扰：本品可使血钾、血及尿的尿酸升高。

2. 有痛风病史、肝功能损害、感染、白细胞减少、神经肌内疾病、有尿酸炎性肾结石病史，近期用过放射治疗或抗癌药治疗的动物慎用。

3. 用药期间定期检查血象、肝肾功能。注意观察心率、肠鸣音及肌腱反射。

4. 用药过程中，出现严重四肢麻木、膝反射消失、麻痹性肠梗阻、腹绞痛、心动过速、脑神经麻痹、白细胞过低或肝功能损害，应停用或减量。

5. 注射时药液一旦漏出或可疑外漏，应立即停止输液，以氯化钠注射液稀释局部，或以1%普鲁卡因注射液局部封闭，温湿敷或冷敷，发生皮肤破溃后按溃疡处理。

6. 防止药液溅入眼内，一旦发生应立即用大量生理盐水冲洗，以后应用地塞米松眼膏保护。

7. 注入静脉时避免日光直接照射。

8. 肝功能异常时减量使用。

【规格】 1 mg

【用法与用量】 静脉注射，每平方米体表面积2 mg，一周1次。

苯丁酸氮芥片（瘤可宁片）
Chlorambucil Tablets

【适应证】 主要用于慢性淋巴细胞白血病，也用于恶性淋巴瘤、多发性骨髓瘤、巨球蛋白血症和卵巢癌。此外，对切特综合征（生殖器溃疡、口疮及眼色素层炎综合征）、红斑狼疮和韦格内肉芽肿病有较好疗效。用于治疗类风湿性关节炎并发的脉管炎和伴有寒冷凝集素的自身免疫性溶血性贫血有良好效果。用于依赖皮质激素的肾病综合征动物可得到完全的缓解，与泼尼松龙并用于频发的肾病综合征可显著降低其复发率。对硬皮病可迅速阻止其发展，使皮肤溃疡痊愈，肺功能改善。

【药理作用】 苯丁酸氮芥为氮芥衍生物，作用与环磷酰胺相似，对多种肿瘤有抑制作用，临床用于慢性淋巴细胞白血病、淋巴肉瘤、何金杰氏病、卵巢癌、乳腺癌、绒毛上皮瘤和多发性骨髓瘤等。

【不良反应】

1. 胃肠道反应较轻，较大剂量也可产生恶心、呕吐，长期服用本品可产生免疫抑制与骨髓抑制。

2. 少见的不良反应有肝毒性、皮炎。

3. 长期服用本品，在白血病中易产生继发性肿瘤。

4. 青春期病例长期应用可产生精子缺乏或持久不育。

5. 可有淋巴细胞下降，对粒细胞和血小板的抑制较轻，剂量过大可引起全血下降、肝功能损伤和黄疸。

【注意事项】

1. 与其他骨髓抑制药物同时应用可增加疗效，但剂量必须适当调整。

2. 下列情况应慎用：骨髓抑制、有痛风病史、感染或泌尿系结石史动物。

3. 用药期间须定期检查白细胞计数及分类，血小板计数，定期作肾功能检查（尿素氮、肌酐清除率），定期检查肝功能（血清胆红质及丙氨酸氨基转移酶（ALT）和测定血清尿酸水平。

4. 苯丁酸氮芥是双功能烷化剂，为细胞周期非特异性药物，形成不稳定的亚乙基亚胺，而发生细胞毒作用，其作用较慢，骨髓抑制的出现及恢复亦较慢，能选择性地作用于淋巴组织。本品干扰DNA及RNA的功能，能与DNA发生交叉联结，对细胞周期中M期及G1期细胞的作用最强。低剂量选择性地抑制淋巴细胞。其免疫抑制诱导时间明显地较环磷酰胺为长，但严重的骨髓抑制较少发生。

【规格】2 mg

【用法与用量】口服，每千克体重0.1~0.2 mg，一日1次，10~14 d为一疗程。

复方环磷酰胺片
Compound Cyclohosphamide Tablets

【适应证】用于恶性肿瘤、急性或慢性淋巴细胞白血病、多发性骨髓瘤有良好的疗效，对乳腺癌、睾丸肿瘤、卵巢癌、肺癌、头颈部鳞癌、神经母细胞瘤、骨肉瘤以横纹肌肉瘤有一定疗效。

【药理作用】本品在体外无活性，进入体内被肝脏或肿瘤内存在的过量的磷酰胺酶或磷酸酶水解，变为活化作用型的磷酰胺氮芥而起作用。其作用机制与氮芥相似，与DNA发生交叉联结，抑制DNA的合成，也可干扰RNA的功能，属细胞周期非特异性药物。本品抗瘤谱广，对多种肿瘤有抑制作用。

【不良反应】

1. 骨髓抑制为最常见的毒性，白细胞往往在给药后10~14 d最低，多在第21 d恢复正常，血小板减少比其他烷化剂少见。最常见的不良反应还有恶心、呕吐。严重程度与剂量有关。

2. 环磷酰胺的代谢产物可产生严重的出血性膀胱炎，大量补充液体可避免。本品也可致膀胱纤维化。

3. 当大剂量环磷酰胺（按体重一次量50 mg/kg）与大量液体同时给予时，可产生水中毒，可同时给予呋塞米以防止。

4. 环磷酰胺可引起生殖系统毒性，如停经或精子缺乏，妊娠初期给药可致畸胎。

5. 长期给予环磷酰胺可产生继发性肿瘤。

6. 用于白血病或淋巴瘤治疗时，易发生高尿酸血症及尿酸性肾病。

7. 少见的副作用有发热、过敏、皮肤及指甲色素沉着、黏膜溃疡、谷丙转氨酶升高、荨麻疹、口咽部感觉异常或视力模糊。

【禁忌证】必须在有经验的专科医生指导下用药。凡有骨髓抑制、感染、肝肾功能损害动物禁用或慎用。对本品过敏动物禁用。妊娠及哺乳期动物禁用。

【注意事项】

1. 下列情况应慎用：骨髓抑制、有痛风病史、肝功能损害、感染、肾功能损害、肿瘤细胞浸润骨髓、有泌尿结石史、以前曾接受过化疗或放射治疗。

2. 用药期间须定期检查白细胞计数及分类、血小板计数，肾功能（尿素氮肌酐消除率），肝功能（血清胆红素、谷丙转氨酶）及血清尿酸水平。

3. 肾功能损害时，环磷酰胺的剂量应减少至治疗量的1/2~1/3。

4. 白血病、淋巴瘤动物出现尿酸性肾病时，可采用以下的方法预防：大量补液、碱化尿液及（或）给予别嘌醇。

5. 当肿瘤细胞侵注骨髓或以往的化疗或放射治疗引起严重骨髓抑制，环磷酰胺的剂量应减少至治疗量的1/2 ~ 1/3。

6. 如有明显的白细胞减少（特别是粒细胞减少）或血小板减少，应停用本品。

7. 对诊断的干扰：本品可使血清胆碱酯酶减少，血及尿中尿酸水平增加。

【规格】50 mg

【用法与用量】口服，每千克体重2~6 mg，一日1次，连用10~14 d，休息1~2周重复。

环磷酰胺注射液
Cyclophosphamide for Injetion

【适应证】同复方环磷酰胺片。

【规格】0.2 g

【用法与用量】静脉滴注，每千克体重10~15 mg，加生理盐水20 mL稀释后缓慢滴注，一周1次，连用2次，休息1~2周重复。

司莫司汀胶囊
Semustine Capsules

【适应证】本品脂溶性强，可通过血脑屏障，进入脑脊液，常用于脑原发肿瘤及转移瘤。与其他药物合用可治疗恶性淋巴瘤、胃癌、大肠癌、黑色素瘤。

【不良反应】骨髓抑制，呈延迟性反应，有累计毒性。白细胞或血小板减少最低点出现在4 ~ 6周，一般持续5~10 d，个别可持续数周，一般6~8周可恢复。服药后可有胃肠道反应。肝肾功能减退及与较高浓度药物接触，可影响器官功能。乏力，轻度脱毛。偶见全身皮疹，可抑制睾丸与卵巢功能，引起闭经及精子缺乏。

【禁忌证】对本药过敏动物。妊娠及哺乳期动物禁用。

【注意事项】骨髓抑制、感染、肝肾功能不全的动物慎用。用药期间应密切注意血象、血清尿素氮、尿酸、肌酐清除率、血胆红素、转氨酶的变化和肺功能。老龄动物易有肾功能减退，可影响排泄，应慎用。本品可抑制身体免疫机制，使疫苗接种不能激发身体抗体产生。用药结束后三个月内不宜接种活疫苗。预防感染，注意口腔卫生。

【规格】（1）10 mg　（2）50 mg

【用法与用量】口服，每平方米体表面积100~200 mg，每6~8周重复，遵医嘱。

盐酸米托蒽醌注射液
Mitoxantrone Hydrochloride Injection

【适应证】用于恶性淋巴瘤、乳腺癌和急性白血病。对肺癌、黑色素瘤、软组织肉瘤、多发性骨髓瘤、肝癌、大肠癌、肾癌、前列腺癌、子宫内膜癌、睾丸肿瘤、卵巢癌和头颈部癌也有一定疗效。

【药理作用】通过和DNA分子结合，抑制核酸合成而导致细胞死亡。本品为细胞周期非特异性药物。本品与蒽环类药物没有完全交叉耐药性。

【不良反应】

1. 骨髓抑制，引起白细胞和血小板减少，为剂量限制性毒性。

2. 少数动物可能有心悸、早搏及心电图异常。

3. 可有恶心、呕吐、食欲减退、腹泻等消化道反应。

4. 偶见乏力、脱毛、皮疹、口腔炎等。

【禁忌证】

1. 对本品过敏动物禁用。

2. 有骨髓抑制或肝功能不全的动物禁用。

3. 一般情况差，有并发病及心、肺功能不全的动物应慎用。

【注意事项】

1. 用药期间应严格检查血象。

2. 有心脏疾病，用过蒽环类药物或胸部照射的动物，应密切注意心脏毒性的发生。

3. 用药时应注意避免药液外溢，如发现外溢应立即停止，再从另一静脉重新进行。

4. 本品不宜与其他药物混合注射。

5. 本品遇低温可能析出晶体，可将安瓿置热水中加温，晶体溶解后使用。

【规格】5 mL：5 mg

【用法与用量】静脉滴注，每平方米体表面积5~10 mg，一日1次，连用3~5 d，间隔2~3周。

放线菌素D注射液
Dactinomycin D for Injection

【适应证】① 实体瘤。与长春新碱、阿霉素合用，治疗维耳姆期（Wilms）瘤；与氟尿嘧啶合用治疗绒毛膜上皮癌及恶性葡萄胎；与环磷酰胺、长春碱、博来霉素顺铂合用，治疗睾丸瘤；与阿霉素、环磷酰胺、长春新碱合用，治疗软组织肉瘤；也可用于治疗恶性淋巴瘤的联合化疗方案中。② 与放射治疗合用，提高肿瘤对放射治疗的敏感性。本品浓集并滞留于有核细胞内，妨碍放射修复。

【不良反应】

1. 骨髓抑制，可引起白细胞及血小板减少，厌食、恶心呕吐等。

2. 静脉注射可引起静脉炎，漏出血管可引起疼痛、局部硬结及溃破。

3. 可有脱发。

4. 有免疫抑制作用。

5. 对妊娠动物可引起畸胎。

6. 长期应用可抑制睾丸或卵巢功能，引起闭经或精子缺乏。

7. 胃肠道反应，恶心，呕吐，食欲不振，腹胀，腹泻。少数口腔溃疡。

8. 可加强放射治疗对组织的损害。

9. 具有肝毒性作用，引起肝细胞脂肪浸润伴肝肿大。

【禁忌证】

1. 妊娠及哺乳期动物慎用。

2. 下列情况应慎用：骨髓功能低下、有痛风病史、肝功能损害、感染、有尿酸盐性肾结石病史、近期接受过放射治疗或抗癌药治疗。

【注意事项】

1. 骨髓抑制为剂量限制性毒性，血小板及粒细胞减少，最低值见于给药后10~21 d，尤以血小板下降为著。

2. 胃肠道反应多见于每次剂量超过0.5 mg时，表现为恶心、呕吐、腹泻，少数有口腔溃疡，始于用药数小时后，有时严重为急性剂量限制性毒性。

3. 脱毛始于给药后7~10 d，可逆。

4. 少数出现胃炎、肠炎或皮肤红斑、脱屑、色素沉着、肝肾功能损害等，均可逆。

5. 漏出血管对软组织损害显著。

【规格】0.2 mg

【用法与用量】静脉滴注，临用前加灭菌注射用水使溶解，每平方米体表面积5 mg，一日1次，10 d为一疗程，间歇期2周。

注射用门冬酰胺酶
Asparaginase for Injection

【适应证】对急性淋巴细胞白血病的疗效最好，缓解率在50%以上，缓解期为1~9月。对急性粒细胞型白血病和急性单核细胞白血病也有一定疗效。对恶性淋巴瘤也有较好的疗效。其优点是对于常用药物治疗后复发的病例也有效，缺点是单独应用不但缓解期短，而且很易产生耐受性，故目前大多与其他药物合并应用。

【药理作用】本品为取自大肠杆菌的酶制剂类抗肿瘤药物，能将血清中的门冬酰胺水解为门冬氨酸和氨，而门冬酰胺是细胞合成蛋白质及增殖生长所必需的氨基酸。

【规格】1万U

【用法与用量】静脉滴注，每千克体重2500 U，一周1次，3~4周为一疗程。

重组人粒细胞集落刺激因子注射液（吉粒芬注射液）
Recombinant Human Granulocyte Colony Stimulating Factor Injection

【适应证】促进骨髓移植后中性粒细胞计数增加。癌症化疗引起的中性粒细胞减少症。包括恶性淋巴瘤、小细胞肺癌、胚胎细胞瘤（睾丸肿瘤、卵巢肿瘤等）、神经母细胞瘤等。骨髓异常增生综合征伴发的中性粒细胞减少症。再生障碍性贫血伴发的中性粒细胞减少症。先天性、特发性中性粒细胞减少症。

【不良反应】

1. 有发生休克的可能（发生率不明），需密切观察，发现异常时应停药并进行适当处理。

2. 有发生间质性肺炎（发生率不明）或促使其加重的可能。应密切观察，如发现发热、咳嗽、呼吸困难和胸部X线检查异常时，应停药并给予肾上腺皮质激素等适当处置。

3. 急性呼吸窘迫综合征（发生率不明）：有发生急性呼吸窘迫综合征的可能，应密切观察，如发现急剧加重的呼吸困难、低氧血症、两肺弥漫性浸润阴影等胸部X线异常时，应停药，并进行呼吸道控制等适当处置。

4. 幼稚细胞增加（发生率不明）：对急性髓性白血病及骨髓异常增生综合征的患者，有可能促进幼稚细胞增多时，应停药。

5. 皮肤：中性粒细胞浸润痛性红斑、皮疹、潮红。

6. 肌肉骨骼系统：有时会有肌肉酸痛、骨痛、腰痛、胸痛的现象。

7. 消化系统：有时会出现食欲不振的现象，或肝脏谷丙转氨酶、谷草转氨酶升高。

8. 其他：有动物会出现发热、头疼、乏力及皮疹，碱性磷酸酶、乳酸脱氢酶升高。

【禁忌证】

1. 对粒细胞集落刺激因子过敏动物以及对大肠杆菌表达的其他制剂过敏动物禁用。

2. 严重肝、肾、心、肺功能障碍动物禁用。

3. 骨髓中幼稚粒细胞未显著减少的骨髓性白血病动物或外周血中检出幼稚粒细胞的骨髓性白血病动物禁用。

【规格】0.2 mL：50 μg

【用法与用量】化疗药物给药结束后24~48 h，皮下或静脉注射本品，一日1次。本品的用量和用药时间应根据动物化疗的强度和中性粒细胞下降程度决定。① 对所用化疗药物的剂量较低，估计所造成的骨髓抑制不太严重的动物，可考虑使用较低剂量，每千克体重1.25 μg，一日1次，至中性粒细胞数稳定于安全范围。② 对化疗强度较大或粒细胞下降较明显的动物，每千克体重2.5 μg/，一日1次，连续用药7 d以上较为适宜，至中性粒细胞恢复至5000/mm³停药。③ 对化疗后中性粒细胞已明显降低的动物（中性粒细胞<1000/mm³），每千克体重5 μg，一日1次，至中性粒细胞数恢复至5000/mm³以上，稳定后终止本品治疗并监视病情。

注射用卡铂
Carboplatin for Injecion

【适应证】主要用于卵巢癌、小细胞肺癌、非小细胞性肺癌、头颈部鳞癌、食管癌、精原细胞瘤、膀胱癌和间皮瘤等。

【药理作用】卡铂为周期非特异性抗癌药，直接作用于DNA，主要与细胞DNA的链间及链内交联，破坏DNA而抑制肿瘤生长。

【不良反应】骨髓抑制、过敏反应、周围神经毒性、耳毒性、呕吐、便秘或腹泻、脱毛等。

【禁忌证】明显骨髓抑制和肝肾功能不全的动物禁用。对含铂化合物过敏动物禁用。对甘露醇过敏动物禁用。

【规格】0.1 g

【用法与用量】静脉滴注，用5%葡萄糖注射液溶解本品，浓度为10 mg/mL，再加入5%葡萄糖注射液中静脉滴注。一般每平方米体表面积50 mg，一日1次，连用5 d，间隔4周重复。

紫杉醇注射液
Paclitaxel Injection

【适应证】卵巢癌和乳腺癌及非小细胞肺癌（NSCLC）的一线和

二线治疗。对于头颈癌、食管癌，精原细胞瘤和复发非何金氏淋巴瘤等有一定疗效。

【不良反应】

1. 过敏反应：多数为Ⅰ型变态反应，表现为支气管痉挛性呼吸困难，荨麻疹和低血压。几乎所有的反应发生在用药后最初的10 min。

2. 骨髓抑制：为主要剂量限制性毒性，表现为中性粒细胞减少，血小板降低少见，一般发生在用药后8～10 d。贫血较常见。

3. 神经毒性：周围神经病变最常见的表现为轻度麻木和感觉异常，严重的神经毒性发生率为6%。

4. 心血管毒性：可有低血压和无症状的短时间心动过缓。肌内关节疼痛，发生于四肢关节，发生率和严重程度呈剂量依赖性。

5. 胃肠道反应：恶心，呕吐，腹泻和黏膜炎，一般为轻和中度。

6. 肝脏毒性：为丙氨酸氨基转移酶、门冬氨酸氨基转移酶和碱性磷酸酶升高。

7. 脱毛。

8. 局部反应：输注药物的静脉和药物外渗局部的炎症。

【规格】5 mL∶30 mg

【用法与用量】为了预防发生过敏反应，在紫杉醇治疗前12 h口服地塞米松10 mg，治疗前6 h再口服地塞米松10 mg，治疗前30~60 min给予苯海拉明肌内注射20 mg，静脉注射西咪替丁300 mg或雷尼替丁50 mg。单药剂量为每平方米体表面积135~200 mg，在粒细胞集落刺激因子（G–CSF）支持下，剂量可达每平方米体表面积250 mg，休息3~4周重复给药。

注射用盐酸多柔比星
Doxorubicin Hydrochloride for Injection

【适应证】多柔比星是抗有丝分裂的细胞毒性药物，能成功地诱导多种恶性肿瘤的缓解，包括急性白血病、淋巴瘤、软组织和骨肉瘤、恶性肿瘤及实体瘤，尤其用于乳腺癌和肺癌。

【不良反应】骨髓抑制。心脏毒性：可出现一过性心电图改变，表现为室上性心动过速、室性期前收缩及ST–T改变。消化道反应：表现为食欲减退、恶心、呕吐，也可有口腔黏膜红斑、溃疡及食道炎、胃炎。脱毛。局部反应：如注射处药物外溢可引起组织溃疡和坏死，药物浓度过高引起静脉炎。

【禁忌证】

1. 对本品及蒽环类过敏动物禁用。严重器质性心脏病和心功能异常动物慎用。

2. 妊娠及哺乳期动物禁用。

3. 静脉给药治疗的禁忌：由于既往细胞毒药物治疗持续的骨髓抑制或严重的口腔溃疡；全身性感染；明显的肝功能损害；严重心律失常，心肌功能不足，既往心肌梗死；既往蒽环类治疗已用到药物最大累积剂量。

4. 膀胱内灌注治疗的禁忌：侵袭性肿瘤已穿透膀胱壁泌尿道感染膀胱炎症导管插入困难（如由于巨大的膀胱内肿瘤）。

【注意事项】

1. 多柔比星必须在有细胞毒药物使用经验的医生指导下使用。

2. 使用蒽环类药物有发生心脏毒性的风险，表现为早期（即急性）或晚期（即迟发）事件。在使用多柔比星治疗前，需要进行心脏功能的评估，而且在整个治疗期间需要监测心脏功能，以尽可能地减少发生严重心脏功能损害的风险。

3. 血液学毒性：当与其他细胞毒性药物联用时，多柔比星可以导致骨髓抑制。使用多柔比星前及每个周期都应进行血液学检查，包括白细胞（WBC）计数。

4. 胃肠道：多柔比星会引起呕吐反应。

5. 多柔比星主要通过肝胆系统清除。在用药前及用药过程中需对血清总胆红素水平进行评估。有严重肝功能损害的患病动物不能接受多柔比星的治疗。

6. 多柔比星在给药后1~2 d可使尿液呈红色。

7. 本品含有对羟基苯甲酸甲酯，可能引起过敏反应（可能为迟发性），偶见支气管痉挛。

8. 本品含有乳糖，因此有罕见的遗传性乳糖不耐症、乳糖酶素缺乏症、葡萄糖-乳糖吸收障碍的动物不宜使用本品治疗。

【规格】10 mg

【用法与用量】静脉注射，每平方米体表面积25~30 mg，一周1次，连用2周，每3周为一个治疗周期。

托消化瘤胶囊
Tuoxiao Hualiu Capsules

【适应证】扶正健脾，调理气血，清热解毒，化痰散结。常用于肌肤筋骨及内脏肿瘤，尤其对乳房肿瘤有较好疗效。单独使用，可改善症状或延长罹患动物生命时间。还可用于手术和化疗的辅助治疗。

【规格】5 g

【用法与用量】口服，每10 kg体重1粒，一日2次，30 d为一疗程。

第二十一部分

生物制品

一 疫苗

英特威犬小二联疫苗（Nobivac® PUPPY DP）
Canine Distemper and Parvovirus Vaccine, Live Virus

【适应证】预防犬瘟热和细小病毒病。

【注意事项】

1. 注射高免血清或应用免疫抑制性药物后，10 d内不可使用本疫苗，否则会发生抗原抗体反应。

2. 仅供健康犬免疫接种（注射疫苗前应先测体温是否正常，假如是第一年免疫，最好进行实验室诊断），因为小犬二联本身是一种弱毒苗，也就是说它是一种弱毒抗原，对于非健康犬，它的机体抵抗力弱，注射疫苗不仅起不到有效保护作用，反而会激发抗原，使机体发病。

3. 刚接种完的7 d内禁止给犬洗澡，因为小犬二联本身是一种弱毒苗，也就是说它是一种弱毒抗原，假如此期间洗澡造成动物感冒，机体抵抗力会降低，注射疫苗不仅起不到有效保护作用，而且会激发抗原，使机体发病。

4. 免疫期间，应避免与外界接触，因为此期间动物虽然获得一定免疫力，但是体内抗体水平还没达到最高值，不足以对抗外界病毒。

5. 个别犬会出现过敏反应，应立即注射肾上腺素或扑尔敏。禁止应用地塞米松。

【规格】1 mL

【用法与用量】肌内或皮下注射，首次免疫4周龄健康幼犬，首免后2周，再用犬二联疫苗免疫1次。犬二联疫苗2次免疫后，间隔21 d后，再用四联苗、六联苗或八联苗免疫2次。

英特威犬四联苗（Nobivac® DHPPi）
Canine Distemper, Infectious Hepatitis, Parvovirus, and Parainfluenza
Vaccine, Live Virus

【适应证】预防犬瘟热、犬腺病毒Ⅰ型引起的犬传染性肝炎，犬腺病毒Ⅱ型引起的犬呼吸道疾病、犬副流感和犬细小病毒病。

【注意事项】

1. 妊娠期犬禁用。

2. 注射高免血清或应用免疫抑制性药物后，10 d内不可使用本疫苗，否则会发生抗原抗体反应。

3. 仅供健康犬免疫接种，如体温正常，无其他疾病，因为英特威犬四联苗本身是一种弱毒苗，也就是说它是一种弱毒抗原，此时机体抵抗力弱，注射疫苗不仅起不到有效保护作用，而且会激发抗原，使机体发病。

4. 免疫期间，应避免与外界接触，因为此期间动物虽然获得一定免疫力，但是体内抗体水平还没达到最高值，不足以对抗外界病毒。

5. 个别犬会出现过敏反应，应立即注射肾上腺素。禁止应用地塞米松。

【规格】1 mL

【用法与用量】肌内或皮下注射，42日龄及以上健康犬，首次免疫需连续注射3次，每隔21 d接种1次。成年健康犬，加强免疫每年接种1次。

犬瘟热、腺病毒2型、副流感和细小病毒病四联活疫苗（卫佳5）
Canine Distemper, Adenovirus Type 2, Parainfluenza, and Parvovirus Vaccine, Modified Live Virus (Vanguard Plus 5)

【适应证】预防由犬瘟病毒引起的犬瘟热，犬细小病毒感染引起的犬细小病毒病，犬腺病毒Ⅰ型引起的犬传染性肝炎，犬腺病毒Ⅱ型感染引起的犬呼吸道疾病，和犬副流感病毒感染引起的犬副流感。

【注意事项】同英特威犬四联苗。

【规格】1 mL

【用法与用量】肌内或皮下注射，42日龄及以上健康犬，首次免疫需连续注射3次，每隔21 d接种1次。成年健康犬，加强免疫每年接种1次。

卫佳犬八联疫苗（卫佳8）
Vanguard Plus 8 Vaccine for Dogs

【适应证】预防犬瘟热，犬传染性肝炎，犬腺病毒Ⅱ型引起的呼吸道疾病，犬副流感，犬细小病毒病，犬冠状病毒病，和犬钩端螺旋体病（犬型、黄疸出血型）。

【注意事项】同英特威犬四联苗。

【规格】1 mL

【用法与用量】肌内或皮下注射，42日龄及以上健康犬，首次免疫需连续注射3次，每隔21 d接种1次。成年健康犬，加强免疫每年接种1次。

富道犬六联疫苗
Fort Dodge Plus 6 Vaccine for Dogs

【适应证】预防由犬瘟病毒感染引起的犬瘟热、犬细小病毒感染引起的犬细小病毒病、犬腺病毒Ⅰ型感染引起的犬传染性肝炎，犬腺病毒Ⅱ型感染引起的犬呼吸道疾病，犬副流感病毒感染引起的犬副流感，犬冠状病毒感染引起的犬冠状病毒病。

【注意事项】同英特威犬四联苗。

【规格】1 mL

【用法与用量】肌内或皮下注射，42日龄及以上健康犬，首次免疫需连续注射3次，每隔21 d接种1次。成年健康犬，加强免疫每年接种1次。

猫三联疫苗
Feline Rhinotracheitis Calici Panleukopenia Vaccine, Modified Live Virus

【适应证】预防猫疱疹病毒1型引起的猫传染性鼻气管炎，猫杯状病毒引起的猫传染性鼻-结膜炎，和猫细小病毒感染引起的猫瘟热。

【注意事项】

1. 妊娠期猫禁用。

2. 注射高免血清或应用免疫抑制性药物后，10 d内不可使用本疫苗，否则会发生抗原抗体反应。

3. 仅供健康猫免疫接种，如体温正常，无其他疾病，因为英特威犬四联苗本身是一种弱毒苗，也就是说它是一种弱毒抗原，此时机体抵抗力弱，注射疫苗不仅起不到有效保护作用，而且会激发抗原，使机体发病。

4. 免疫期间，应避免与外界接触，因为此期间动物虽然获得一定免疫力，但是体内抗体水平还没达到最高值，不足以对抗外界病毒。

5. 个别猫会出现过敏反应，应立即注射肾上腺素。禁止应用地塞米松。

【规格】1 mL

【用法与用量】肌内或皮下注射，12周龄及以上健康猫，首次免疫需连续注射2次，每隔21 d接种1次。成年健康猫，加强免疫每年接种1次。

犬、猫狂犬病灭活疫苗
Canine and Feline Rabies Vaccine, Inactivated

【适应证】预防犬、猫狂犬病。

【规格】1 mL

【用法与用量】肌内或皮下注射，3月龄以上健康犬、猫首次接种1次，以后每年接种1次。

二 抗毒素

破伤风抗毒素
Tetanus Antitoxin

【主要成分】本品系由破伤风抗毒素免疫马所得的血浆，经胃蛋白酶消化后纯化制成的液体抗毒素球蛋白制剂。

【适应证】治疗和预防破伤风。开放性外伤（特别是创口深、污染严重者）有感染破伤风的危险时，应及时注射抗毒素进行紧急预防。凡已接受过破伤风疫苗免疫注射动物，应在受伤后再注射一剂量疫苗加强免疫，不必注射抗毒素；如受伤且未接受过疫苗免疫或免疫史不清的动物，须注射抗毒素预防，但也应同时进行疫苗预防注射，以获得持久免疫。

【不良反应】过敏休克：可在注射中或注射后数分钟至数十分钟内突然发生。动物突然表现沉郁或烦躁、脸色苍白或潮红、胸闷或气喘、出冷汗、恶心或腹痛、脉搏细速、血压下降，重者神志昏迷虚脱，如不及时抢救可以迅速死亡。轻者注射肾上腺素后即可缓解。重者需输液输氧，使用升压药维持血压，并使用抗过敏药物及肾上腺皮质激素等进行抢救。血清病：主要症状为荨麻疹、发热、淋巴结肿大、局部水肿，偶有蛋白尿、呕吐、关节痛，注射部位可出现红斑、瘙痒及水肿。一般系在注射后7~14 d发病，称为延缓型。亦有在注射后2~4 d发病，称为加速型。对血清病应对症疗法，可使用钙剂或抗组织胺药物，一般数日至十数日即可痊愈。

【注意事项】使用前应做过敏试验，过敏反应动物禁用或作脱敏处理后使用，本品对破伤风杆菌无效，故应同时进行抗菌治疗。

【规格】1500 U

【用法与用量】皮试观察30 min，无过敏反应动物，可在严密观察下注射抗毒素。

1. 预防用：肌内或皮下注射，一次1 500 U~3 000 U；伤势严重者可增加用量1~2倍。经5~6 d，如破伤风感染危险未消除，应重复注射。

2. 治疗用：肌内注射或静脉注射，一次2万~10万U，或24 h内分次注射。

三 抗体和免疫血清

犬细小病毒单克隆抗体
Canine Parvovirus Virus Monoclonal Antibody

【适应证】犬细小病毒病的治疗与预防。

【注意事项】瓶底有少量沉淀，使用时应充分摇匀。仅用于肌内或皮下注射，开瓶后保存于4℃，一周内有效，忌反复冻融。

【规格】5 mL

【用法与用量】皮下或肌内注射，每千克体重0.5~1.0 mL，一日1次，连用3 d，严重感染动物加倍。

注射用基因工程犬细小病毒单克隆抗体
Genetic Engineering Canine Parvovirus Monoclonal Antibody for injection

【适应证】治疗犬细小病毒病。

【规格】400万U

【用法与用量】肌内注射，每千克体重80万U，一日1次，3~5 d为一疗程，或遵医嘱。对于急、重症患犬，建议连续使用7 d以上。

犬瘟热病毒单克隆抗体
Canine Distemper Virus Monoclonal Antibody

【适应证】犬瘟热的治疗与预防。

【注意事项】瓶底有少量沉淀，使用时应充分摇匀。仅用于肌内或皮下注射。开瓶后保存于4℃，一周内有效，忌反复冻融。

【规格】5 mL

【用法与用量】皮下或肌内注射，每千克体重0.5~1.0 mL，一日1次，连用3 d，严重感染动物加倍。

注射用基因工程犬瘟热单克隆抗体
Genetic Engineering Canine Distemper Virus Monoclonal
Antibody for injection

【适应证】犬瘟热治疗与预防。

【药理作用】它能高效、特异的识别、搜集和结合细胞外犬瘟热病毒，阻断犬瘟热病毒进入细胞的主要途径，防止犬瘟热病毒在细胞内增殖，从而起到抗犬瘟热作用。

【规格】400万U

【用法与用量】肌内注射每千克体重80万U，一日1次，3~5 d为一疗程，或遵医嘱。对于急、重症患犬，建议连续使用7 d以上。

【注意事项】

1. 对于可能有犬瘟热病毒感染的犬，可用本品进行预防注射，剂量同发病犬的治疗量。

2. 本品可与干扰素、抗菌药等药物同时使用。

3. 使用本品的2周内暂不注射犬瘟热疫苗。

4. 本品对妊娠母犬、哺乳母犬及幼犬使用安全，无毒副作用。

5. 对疫苗、本品等生物制剂有过敏史动物谨慎使用。

6. 溶解后如遇有浑浊、沉淀等异常现象，不得使用。

7. 包装瓶有损坏的产品不能使用。

抗犬瘟热细小病毒病二联血清
Canine Distemper and Parvovirus Antiserum

【适应证】治疗和预防犬温热、细小病毒病。

【注意事项】瓶底有少量沉淀，使用时应充分摇匀。仅用于肌内或皮下注射，开瓶后保存于4℃，一周内有效，忌反复冻融。

【规格】5 mL

【用法与用量】皮下或肌内注射，每千克体重1 mL，一日1次，连用3 d。

抗猫瘟热血清
Feline Parvovirus Antiserum

【适应证】治疗和预防猫瘟热。

【注意事项】瓶底有少量沉淀，使用时应充分摇匀。仅用于肌内或皮下注射，开瓶后保存于4℃，一周内有效，忌反复冻融。

【规格】5 mL

【用法与用量】皮下或肌内注射，每千克体重1 mL。

猫瘟热病毒单克隆抗体注射液
Feline Parvovirus Monoclonal Antibody for Injection

【适应证】治疗和预防猫瘟热。

【规格】150万U

【用法与用量】肌内注射或静脉注射，每千克体重60万~100万U，前两日加倍效果更佳。

抗蛇毒血清
Snake Antivenin

【适应证】用于毒蛇咬伤中毒。

【药理作用】抗蛇毒血清是用蛇毒少量多次注射动物后，动物产生的抗体经提纯而成，内含高价抗蛇毒抗体。当被蛇咬后，蛇毒进入机体，就是抗原。注射的抗毒血清中含有相应的抗体，它能中和相应的蛇毒，特异性结合形成复合物，使毒素失去活性，并由机体相应的吞噬细胞处理，从而使毒素失去作用。本品一般不做首选药物，症状不发展的蛇咬伤不需注射抗蛇毒血清。但亦应根据症状及时作出判断，争取早期注射，最好在4 h之内静脉给药。

【不良反应】过敏休克；血清病。

【规格】6000 U

【用法与用量】稀释后静脉滴注，也可肌内或皮下注射，一次量0.6万~1万U。

附录

表1　犬体重和体表面积转换表

体重（kg）	体表面积（m²）
0.5	0.06
1	0.10
2	0.15
3	0.20
4	0.25
5	0.29
6	0.33
7	0.36
8	0.40
9	0.43
10	0.46
11	0.49
12	0.52
13	0.55
14	0.58
15	0.60
16	0.63
17	0.66
18	0.69
19	0.71
20	0.74
21	0.76
22	0.78
23	0.81
24	0.83
25	0.85
26	0.88
27	0.90
28	0.92
29	0.94
30	0.96
31	0.99
32	1.01
33	1.03
34	1.05
35	1.07
36	1.09

（续）

体重（kg）	体表面积（m²）
37	1.11
38	1.13
39	1.15
40	1.17
41	1.19
42	1.21
43	1.23
44	1.25
45	1.26
46	1.28
47	1.30
48	1.32
49	1.34
50	1.36

表2 猫体重和体表面积转换表

体重（kg）	体表面积（m²）
2.3	0.165
2.8	0.187
3.2	0.207
3.6	0.222
4.1	0.244
4.6	0.261
5.1	0.278
5.5	0.294
6.0	0.311
6.4	0.326
6.9	0.342
7.4	0.356
7.8	0.371
8.2	0.385
8.7	0.399
9.2	0.413

附：当使用如多柔比星等药物时，对体型非常小（小于10 kg）的犬或猫按体表面积算出的剂量给药时往往产生副作用。对于此类小型动物，更适合用体重算出的剂量给药（如1 mg/kg）。引自R.W. Nelson and C. Guillermo Couto. 2003. Small Animal Internal Medicine. 3ed. Mosby Elsevier (Singapore) Pte Ltd. Singapore.

索引

中文索引

英文索引